A WARM AND
BEAUTIFUL
LITTLE HOUSE

暖而美的小家

小户型改造与软装搭配

万　丹　张慧娟　编著

中国电力出版社
CHINA ELECTRIC POWER PRESS

内 容 提 要

本书从创意的角度出发，精选小户型、老户型住宅进行空间改造，修正户型中缺陷，提升住宅的使用效率，结合了装修过程中的软装应用、家居摆设、色彩搭配、采光照明等多个方面，从不同角度阐述了空间改造与创意软装知识。书中精选36套平面图设计前后对比，图文搭配解说，配置效果图说明改造结果。讲述8大设计风格，了解古今中外打造小户型风格定位的来龙去脉。讲述改造中选购的软装饰品，描述饰品的搭配方法，烘托改造效果。列出10套小户型改造案例，配置设计的平面图、实景照片与预算单，全面讲解小户型改造。为了使读者更容易理解，本书以图文并茂的方式向读者展现各种装修细节，并添以小标题、小知识细化一些装修中难以想到的妙处和独特之处。

本书致力解决人们在装修过程中遇到的一些难处，提供一些小窍门，简单却不失实用性。本书适合即将装修或正在装修的业主、装修设计师、设计专业教师学生、装修施工人员、装修材料生产销售商等阅读参考。

图书在版编目（CIP）数据

暖而美的小家 ：小户型改造与软装搭配 / 万丹等编著. —北京：中国电力出版社，2018.5
ISBN 978-7-5198-1837-1

Ⅰ. ①暖…　Ⅱ. ①万…　Ⅲ. ①住宅－室内装饰设计　Ⅳ. ① TU241

中国版本图书馆CIP数据核字（2018）第045573号

出版发行：中国电力出版社
地　　址：北京市东城区北京站西街19号（邮政编码100005）
网　　址：http://www.cepp.sgcc.com.cn
责任编辑：乐　苑
责任校对：王小鹏
责任印制：杨晓东

印　　刷：北京博图彩色印刷有限公司
版　　次：2018年5月第1版
印　　次：2018年5月北京第1次印刷
开　　本：710mm×1000mm　16开本
印　　张：12.25
字　　数：261千字
定　　价：68.00元

前 言

小户型住宅是近年来商品房市场颇受欢迎的房型。小户型面积一般不超过 $90m^2$，它之所以受欢迎与时下现代人的生活方式息息相关，将在今后相当长一段时间内继续成为人们关注的热点，并保持强势的市场占有量。人们对住宅的要求也在改变，如何对小户型住宅进行设计，使其满足人们日益增长的需要，是设计师与业主所面临的新挑战。许多年轻人在参加工作后，独立性越来越强，因此在经济能力起步阶段、家庭人口不多的情况下购买小户型住宅不失为一种明智选择。

对于小户型设计，空间分配不合理会造成面积损失，装修构造过多会使本就不大的房间显得压抑，在视觉上让人觉得无处可逃。很多业主与设计师对小户型设计都感到很迷茫，无法像中大户型那样去进行自如的设计。

简洁舒适、经济实用是现代人对生活空间的理解，这中间包含经济能力起步时期、家庭成员简单、日常活动在公共空间完成等诸多缘由，因而对空间功能要求可以有所取舍，但是要符合使用者的生活习惯。小户型只要设计合理、面积有限且功能不减，仍然可以达到高质量的生活氛围。

空间划分是小户型设计的核心，墙体、柜体相互搭配使用是小户型划分功能区的重要方式。家具虽然数量少，但是形体大、功能全，以家具取代墙体。在装饰上要尽可能显得清爽，为了使房间不至于显得单调乏味，壁纸、盆栽、油画等适当的运用可以使空间更具设计感。浅色能让房间看起来宽敞明亮。
所谓“麻雀虽小，五脏俱全”。虽然小户型的面积受到限制，但是本书却总能够挖掘出其中的设计精髓，力求功能齐备，尽善尽美。本书将空间布局、风格设计、软装搭配、预算造价、全案实例多个环节有机融合起来，让小户型设计变得轻松简单，帮助读者打造暖而美的小家。

本书在编写过程中得到了以下同事、同行的帮助，感谢各位为本书提供图片、素材（排名不分先后）：柯玲玲、张欣、张达、黄溜、金露、袁倩、陈庆伟、边塞、关洪、戈必桥、曹洪涛、朱嵘、柯举、牟思杭、余文晰、张弦、闸西、王月然、王宏民、阮伟平、陈逢华、刘同平、李敏、程蓉洁、刘俊骏、柯露明、郭媛媛、王志鸿、许洪超、喻欣、张杨巍、龙银姣、谢静、汤留泉、万财荣、杨小云、零韶梅。

编 者

2018年3月

目 录

第2章　8大装修风格精准改造／075

第3章　10项创意软装搭配公式／109

第4章　10套户型改造案例解析／131

没有多余的钱去买一套大房子，买个小户型的房子也不错。大房子宽敞，小户型温馨。总觉得小户型不够用、有缺陷，那么重新改造就是难点。本章解决小户型空间小的难题，轻松收纳打造一个家居大空间。

第1章

36种空间布局破解改造

1.1 空间狭小老房子，四处拓展旧时尚

户型问题 房龄较高，房间较小

解决方法 局部拆墙，拓展空间

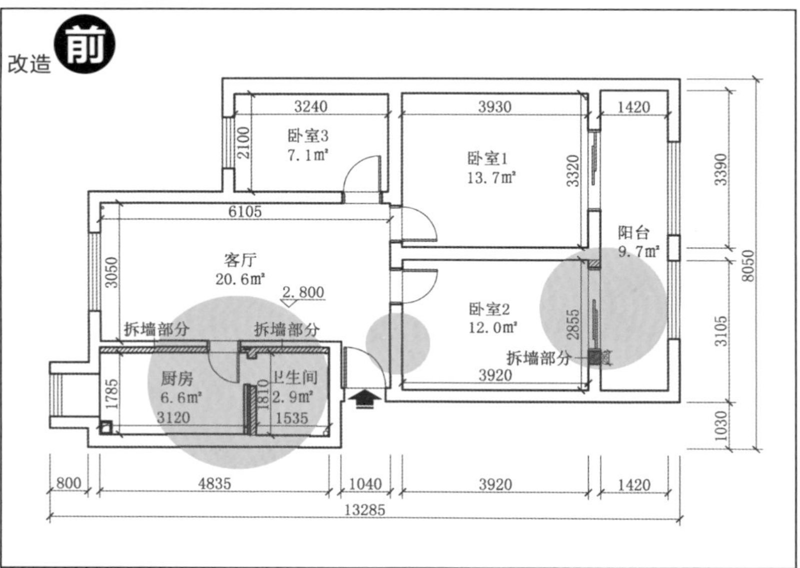

1.现实情况

建筑面积89m²，使用面积72m²，三室一厅，3/7层，砖混结构。

20年房龄的老房子，承重墙结构不能大改，厨房、卫生间、卧室都显得较小。希望能增加单个空间面积，满足一家三口现代生活的需要。

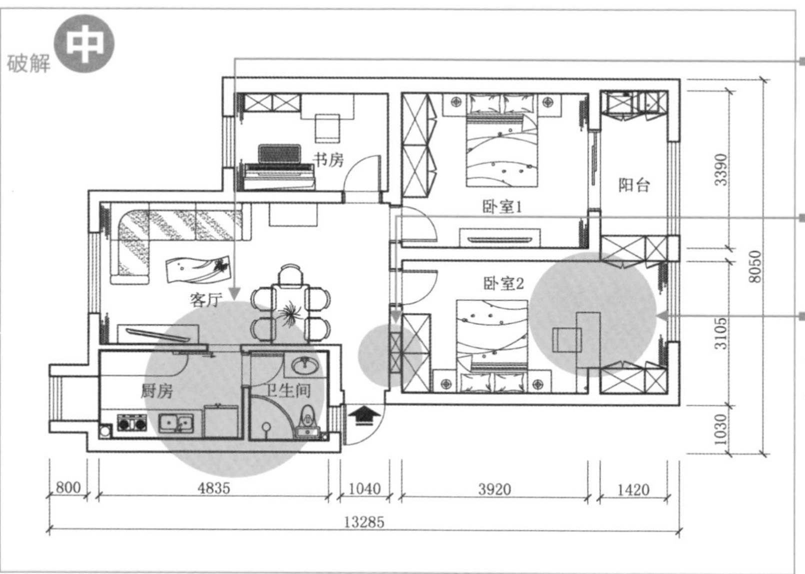

2.改造方法

（1）拆除厨房卫生间墙体，重新砌筑薄墙，局部采用工字钢支撑，提升厨房和卫生间的舒适度。

（2）门厅走道墙面开凿后制作壁柜，用于存放鞋子，拓展了门厅储物空间。

（3）将卧室2与阳台打通，拓展使用空间，借势打造一个书桌，同时能更好地获得采光。

改造后

3.装修方法

装修风格：现代简约

主要用材：壁纸、乳胶漆、木地板

主要通过壁纸来拓展空间，客厅选用米色与深灰色两种壁纸来区分就餐与会客两种使用功能，配合吊顶与石膏线条来丰富层次感，使面积不大的小户型变得很温馨。家具以购买的成品件为主，白色门板与深色侧板搭配显得很有层次。

1.2 地尽其用，家居设计不变的宗旨

户型问题	空间分布不利于家具的摆放
解决方法	改变布局，合理布置

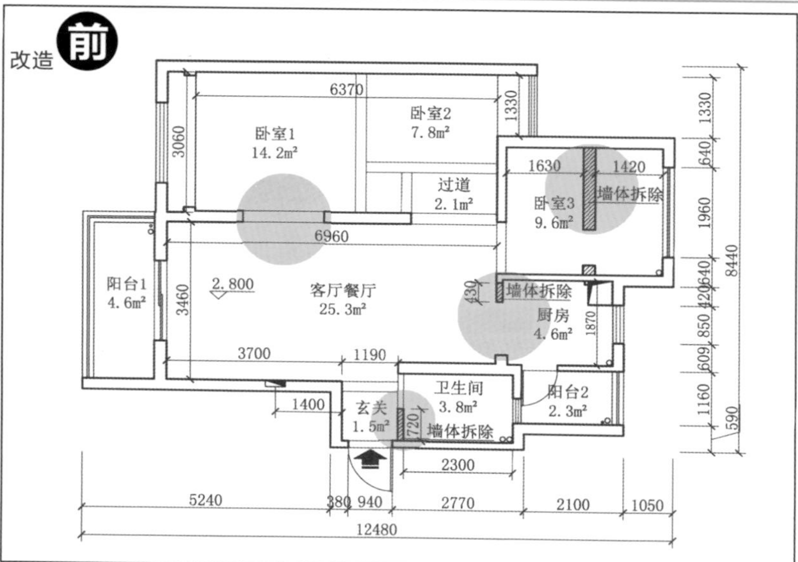

1.现实情况

建筑面积94m²，使用面积74m²，小三室两厅，框架结构。这套户型空间不是很实用，客厅与卧室间被分割出的畸零空间实属“鸡肋”，卫生间的开门使得餐厅布置时左右为难。因此，希望通过改造能在最大限度利用空间的同时，让居家生活更舒适。

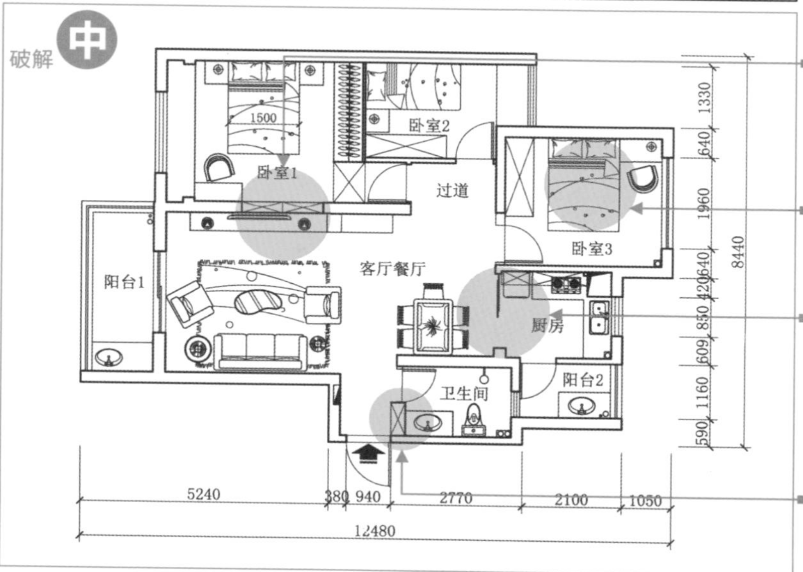

2.改造方法

(1) 客厅与卧室1的墙体，改为卧室1的衣柜，既不影响空间的分隔，又增加了居室的收纳空间。

(2) 将卧室3中央的墙体拆除，拓展卧室3的空间，形成一个完整的房间。

(3) 拆除厨房与餐厅间的部分墙体，设置推拉门，使厨房与客厅、餐厅呈现开放式格局，增加了居室的通透性，也令采光更好。

(4) 拆除卫生间与走道之间的隔墙，制作鞋柜。

改造后

3.装修方法

装修风格：日式简约

主要用材：枫木、柚木、乳胶漆、复合木地板

米色乳胶漆与日式枫木小件家具搭配，固定家具为深色柚木，形成一定对比，让空间显得比较稳重。不设计烦琐的吊顶与装饰线条，让户型显得格外开阔。房间划分得当，最大化满足生活起居的需求。

1.3 奢侈想法，扩展单身一房

户型问题	房间较小，空间通透性差
解决方法	局部拆墙，延伸卧室空间

改造 前

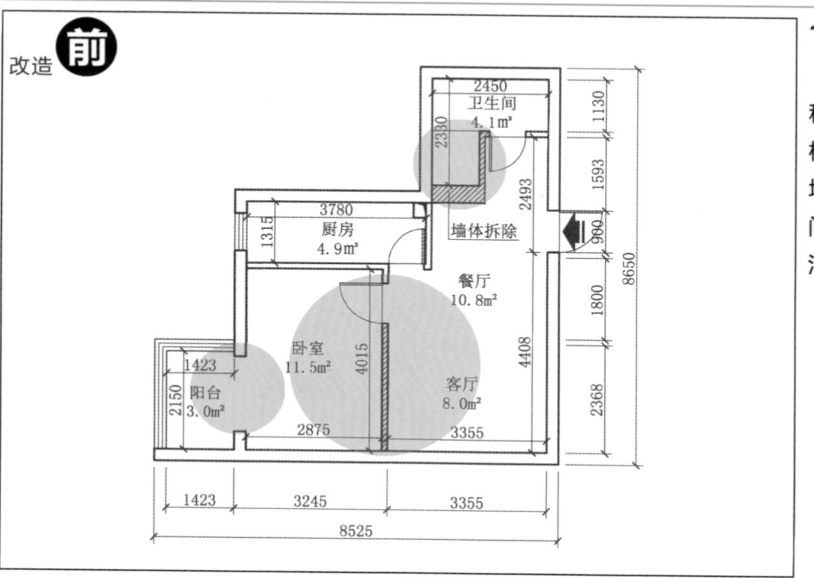

1.现实情况

建筑面积52m²，使用面积42m²，一室一厅，砖混结构，单房空间较小。希望能增加卧室空间面积，增加空间通透感，满足单身白领生活需要。

破解 中

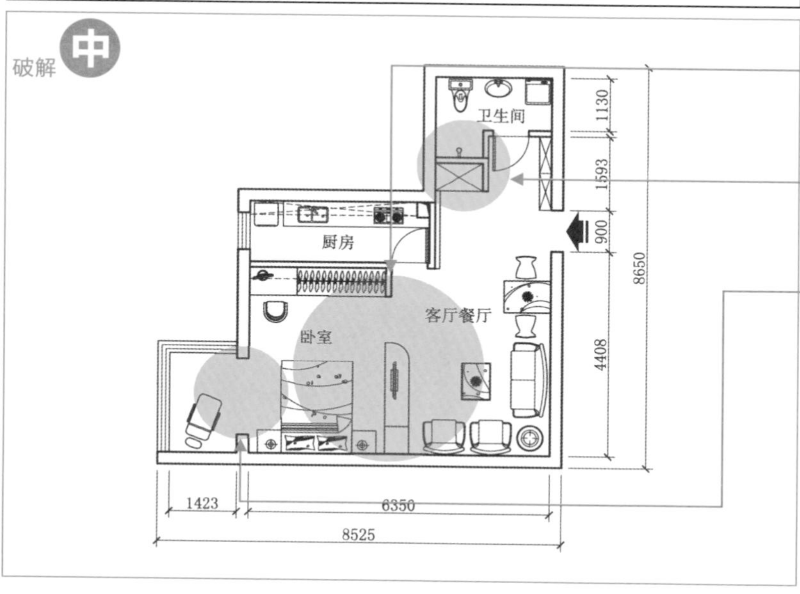

2.改造方法

（1）拆除卧室与客厅之间的墙体，重新砌筑电视柜，提升卧室舒适度。

（2）拆除进门处多余墙体，增设玄关储物空间，提升房间的收纳能力。

（3）将卧室与阳台打通，拓展使用空间，同时能更好地获得采光。

改造 

3.装修方法

装修风格：现代简约

主要用材：枫木饰面板、玻化砖、复合木地板

整体色调清新明快，卧室与客厅之间的隔墙拆除后能获取开阔的视野。将本来用于地面的玻化砖铺贴在客厅沙发背景墙上，枫木与白色硝基漆相结合，在自然的氛围中透出一片现代气息。

1.4 异型夹角，追求储物无限量

户型问题	房间面积适中，储藏空间却小
解决方法	利用夹角设计储藏柜，既隐秘又美观

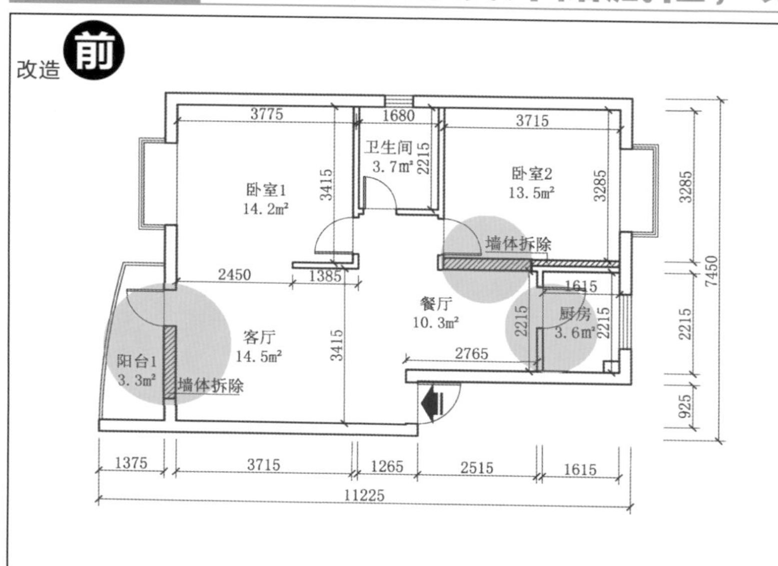

1.现实情况

建筑面积86m²，使用面积69m²，两室一厅，三口之家。由于新增添了小生命，家里杂物等东西一下子多了起来，使得房间内储物空间不够。希望能巧妙利用房型，既不影响日常活动空间，又能增加储物区域。另外，为了宝宝的安全，希望把厨房改造成封闭式厨房。

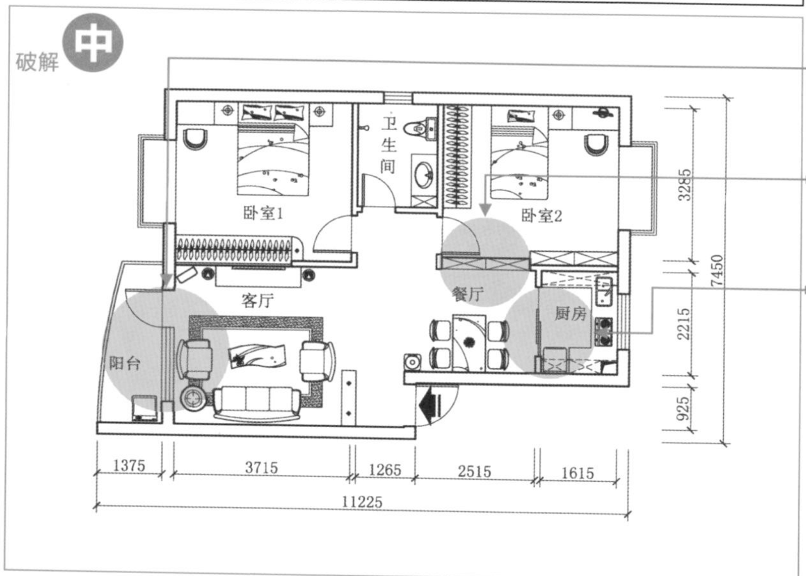

2.改造方法

（1）拆除客厅与阳台之间的多余墙体，并在该处增添储物柜。

（2）将卧室2与餐厅之间多余墙体打通，增设储物柜，拓展使用空间。

（3）将厨房半侧多余墙体拆除，考虑到采光等原因，将半封闭式厨房的门换成推拉门，封闭度变得可以自控且美观。

改造 后

3.装修方法

装修风格：现代简约

主要材料：硝基漆、石膏板、彩色乳胶漆、复合木地板

现代风格的装修色调多以浅色为主，米色、黄色是最常用的颜色，这些颜色可以在视觉上起到扩展空间的作用，非常适合空间狭窄的小户型装修。

要衬托浅米色背景墙，必须在周边采用白色乳胶漆，米色和白色相搭配是高贵、典雅的象征。深色明装筒灯给清新的环境空间带来一份沉稳，与电视和音箱的颜色相呼应。墙角处采用聚晶玻璃镶嵌，保护它不受磨损。橱柜的柜门以黄色与白色相搭配，推拉门框体也是黄色的饰面，使色调在整体上和谐统一。

1.5 狭长空间，消除压抑变方正

户型问题	单个空间布局狭长，空间氛围压抑
解决方法	增加空间隔断，增强空间区域感

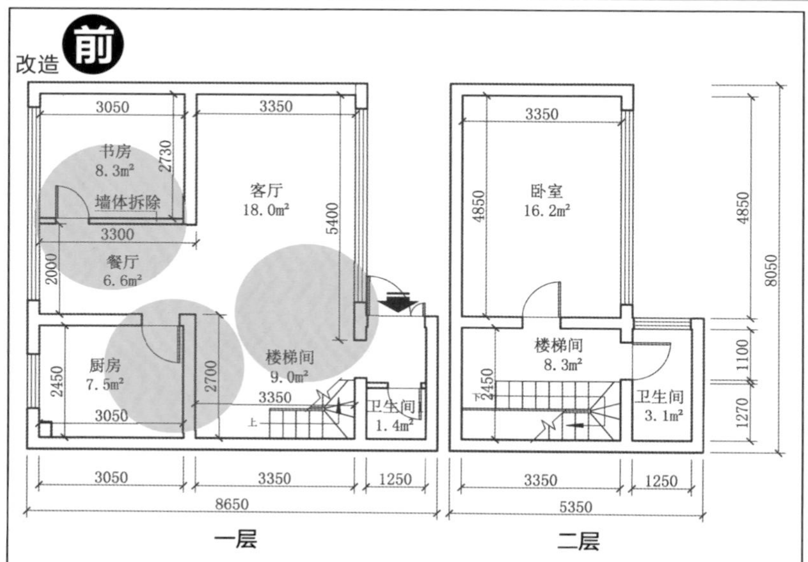

1.现实情况

建筑面积89m²，使用面积71m²，属于一个复式楼。主人主要生活在楼上，一楼用来做休闲区，但空间过于分散，且单个面积狭长，人处在其中会有压抑感，故希望增强空间活力。

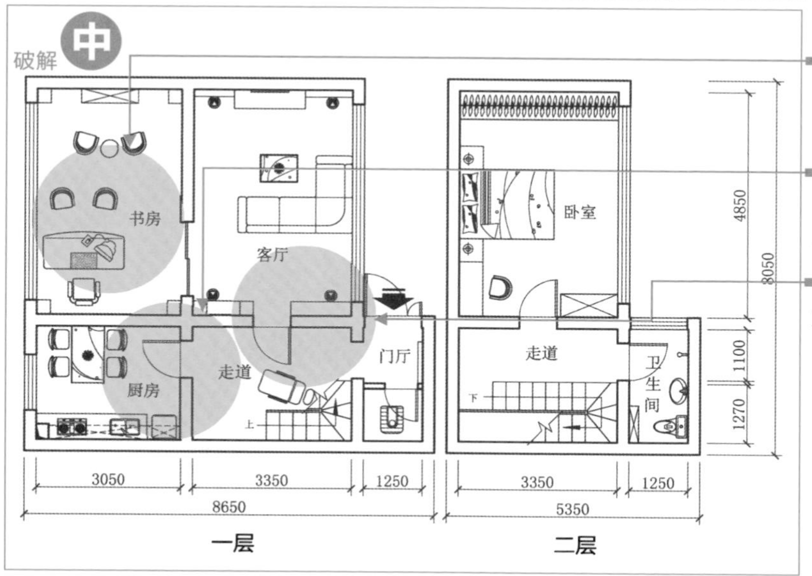

2.改造方法

（1）拆除餐厅与书房之间的墙体，用来增加书房面积，将餐厅移到厨房。

（2）将原先的厨房门关闭，在走道处开设新的门，增加空间分隔感。

（3）在楼梯间处开设新的门，方便从客厅进出与上楼。

3.装修方法

装修风格：乡村田园

主要材料：沙比利饰面板、水曲柳饰面板、复合木地板、玻璃砖

在一套住宅户型中，将客厅与书房分为两种截然不同的风格来装修并不多见。田园风格的客厅采用久违的文化石镶嵌电视背景墙，配合棕色墙纸来体现它的古朴和质感。玻璃杯筒灯光线柔和，没有锐利的光斑更能衬托出乡村韵味。玻璃砖镶嵌在楼梯间墙面上，接受来自上层空间的余光，使黯淡的封闭空间增显亮丽。书房面积稍大，设计形式根据主人的需要，采用成品装饰板营造出新古典装饰主义风格，烦琐的线条主要集中在家具和墙角上，并不显得拥挤、累赘。

1.6 科学分区，引导便捷生活观

户型问题	功能区单一且房间卧室面积较小
解决方法	增加功能区域，扩大卧室使用面积

改造 前

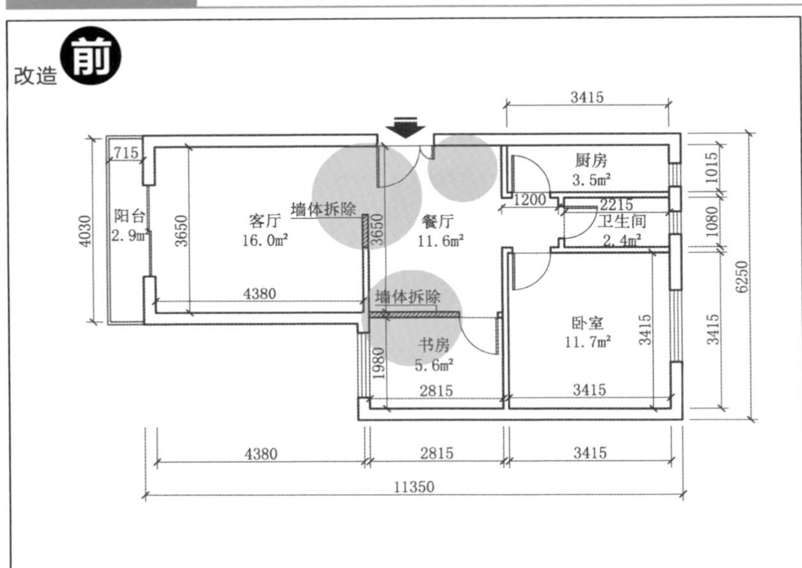

1.现实情况

建筑面积62m²，使用面积49m²，三口之家，处于青春期的孩子希望有一个属于自己的卧室空间。基于室内客厅大、书房利用率不高的情况，改变功能分区，为家中的小孩营造一个独立空间。

破解 中

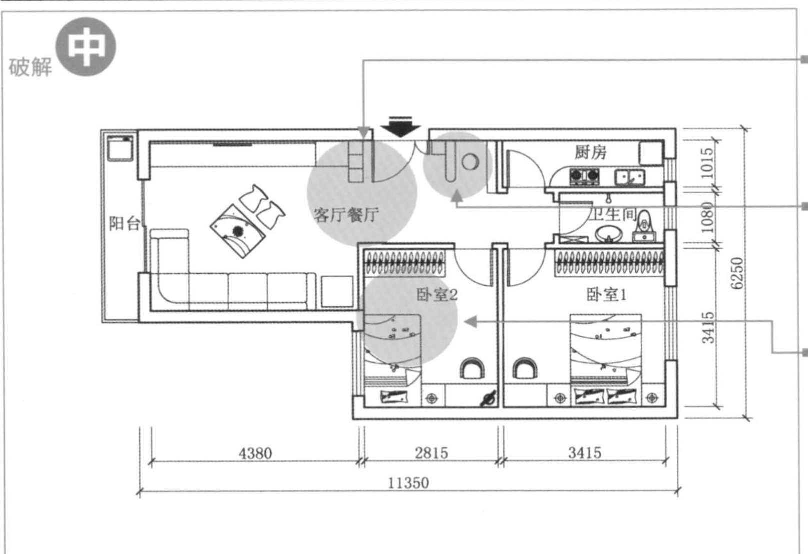

2.改造方法

（1）拆除客厅一侧多余墙体，结合人体工程学原理，使去往房间其他区域的走道更加通畅，出入更方便。

（2）由于餐厅面积缩小，故在进门处设计一个小型吧台，增加情趣的同时也使空间环境多元化。

（3）拆除书房一侧墙体，合理利用餐厅空间，为小孩营造出一个独立的次卧室。

改造 后

3.装修方法

装修风格：现代简约

主要材料：聚晶玻璃、硝基漆、复合木地板

进门处设计一个小小的吧台别有一番情趣，聚晶玻璃让门厅空间显得充实饱满，吧台连接着换鞋凳，非常紧凑实用。另外增设了次卧室，合理规划分区，孩子有了自己的空间，其他空间活动亦可自如。

1.7 颠覆布局，随心所欲来变化

户型问题	功能区联系不紧密，进出距离稍远
解决方法	规划功能区进出通道，有序而集中

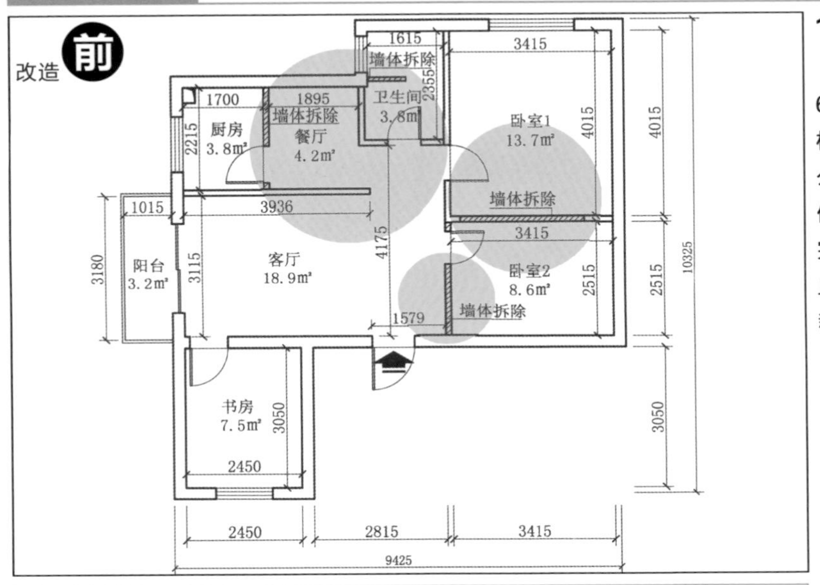

1.现实情况

建筑面积78m²，使用面积62m²，客厅面积较大，功能区相对卧室较分散。房间主人是公司白领，经常需要熬夜加班使用电脑，但晚上在书房工作完之后，返回卧室需经过客厅且开关灯极不方便，故希望重新规划功能区。

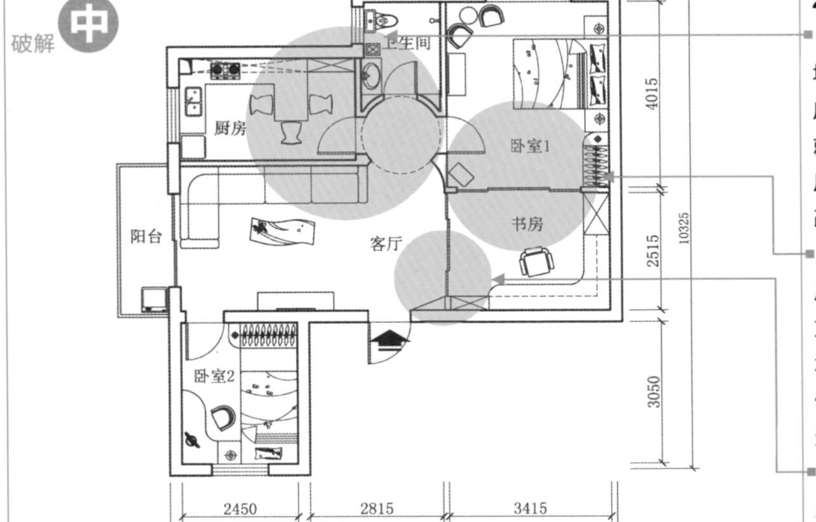

2.改造方法

（1）打通厨房与餐厅之间的墙体，改为造型为U字形厨房，增加厨房使用面积，也可就近在厨房用餐。同时将餐厅、卫生间、卧室门前的走道改为圆形，形式感更强。

（2）将原来的次卧布置为书房后，打通与主卧相连的墙体，方便主人办公、休息的同时也增加了房屋使用面积。书房两侧安装落地玻璃门，使书房采光更加通透，进出更方便。

（3）拆除进门处右侧墙体，将原来的卧室2移至书房。

3.装修方法

装修风格：新古典

主要材料：成品大理石拼花、红榉木饰面板、墙纸

客厅通向各房间的开门集中在圆形门厅里，配合石材拼花，将原本显得多余浪费的公共区域打造成一道独特的风景，成为入门处第一眼所看到的室内的亮点。主卧室与书房之间采用大面积梭拉门，通透自如。房间布局进一步合理化，调整起来也更方便。主卧室的床头背景墙使用与家具颜色接近的墙纸，使整体感觉更和谐。儿童房与书房的色彩主要以蓝色与白色为主，黄色与灰色为辅助色彩，更符合孩子充满幻想、天真的性格特点，柜门以两种颜色穿插，米黄色与白色、浅灰色与白色，这两种颜色的搭配，都属于最佳搭配色，不仅使整个房间的氛围显得舒适，而且还增加了趣味性。

1.8 采光不足，引光补光省电费

户型问题	房间采光较差，空间分区过于分散
解决方法	打通空间分区，将自然光引入卧室

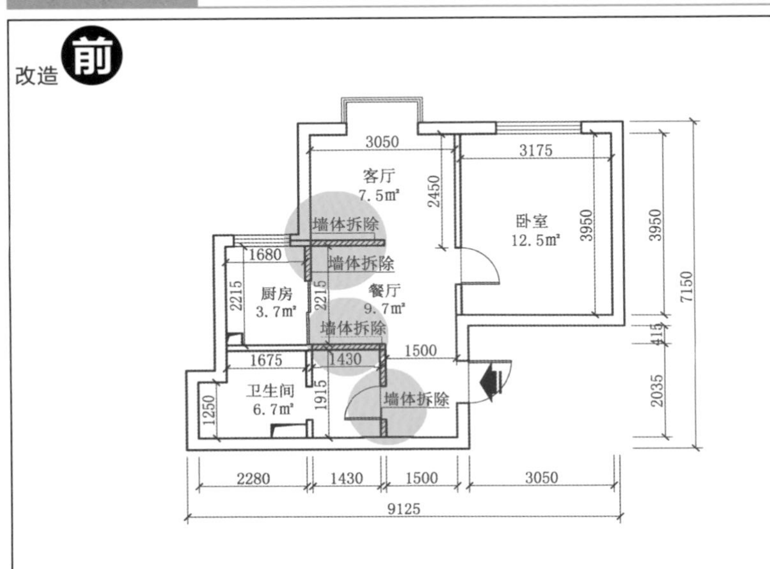

1.现实情况

建筑面积55m²，使用面积44m²，一室一厅。房间区域分配合理，但由于房间墙体拐弯处过多，空间使用率不高，也遮挡了自然光进入室内，室内光线较暗，影响日常生活。故希望合理利用房间自身条件，改善室内采光环境。

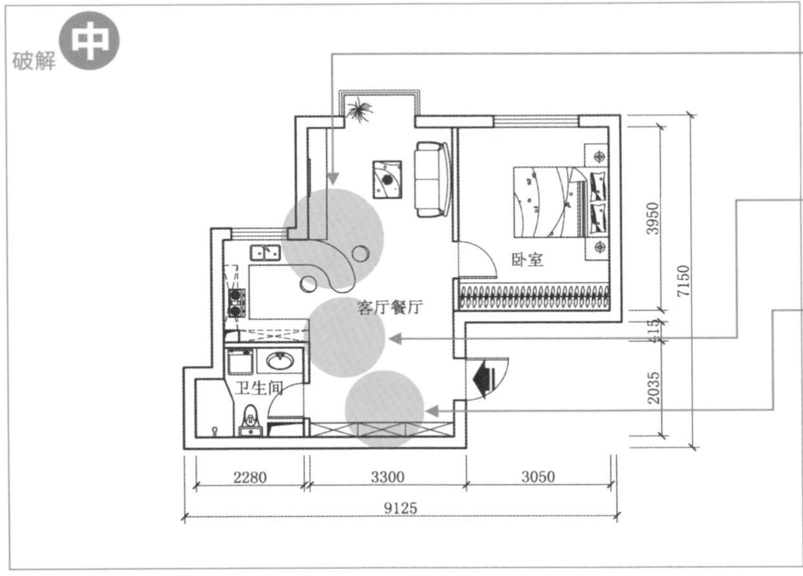

2.改造方法

（1）拆除厨房与客厅之间的墙体，设置开放式厨房，增设吧台，同时也提高了客厅的采光率。

（2）拆除卫生间多余墙体，增设储藏柜，增加房间储物空间。

（3）进门处墙体拆除，增加空间通透感，进一步扩大客厅活动面积。

改造后

3.装修方法

装修风格：新中式

主要材料：沙比利饰面板、墙纸、复合木地板

沙比利饰面板、米色墙纸和白色乳胶漆三者相搭配，体现出明确的色彩层次。弧形吧台兼餐桌连接着橱柜，使烹饪、用餐、品酒三位一体，提高了空间的使用效率，腾出开阔的客厅面积挪作他用。

1.9 外挑窗户的创意革新

户型问题	户型较标准而导致的空间沉闷感，空间氛围较单调
解决方法	巧妙利用空间隔断，打破沉闷氛围

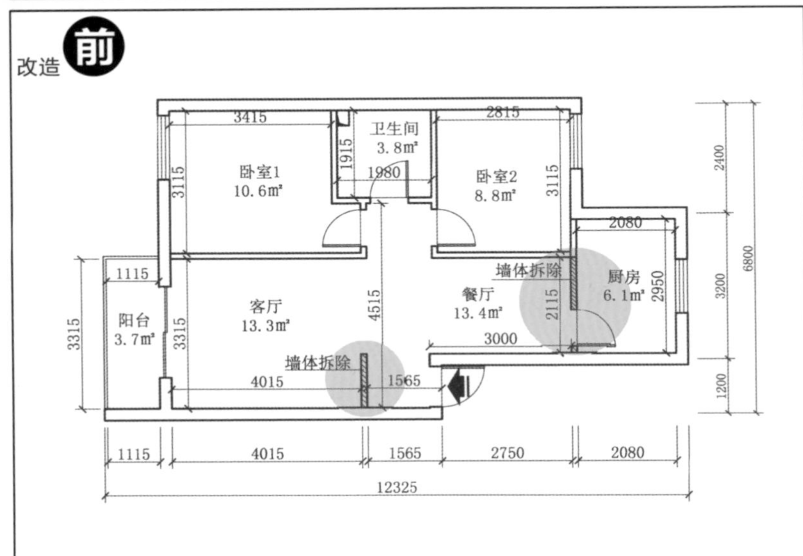

1.现实情况

建筑面积78m²，使用面积62m²，这是一套标准的两居室户型，空间紧凑却不显得拥挤，但空间感略显沉闷，故房间的主人希望经过适当改造为房间注入活力。

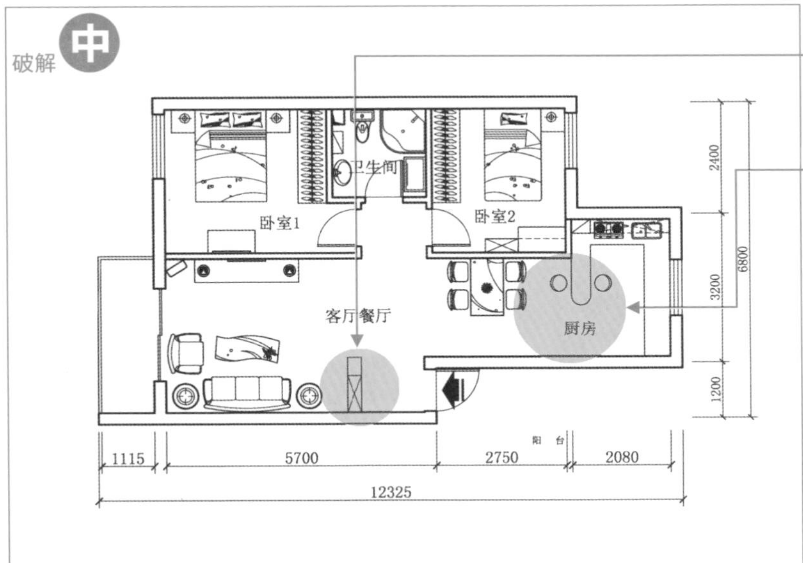

2.改造方法

（1）将进门处多余墙体拆除，增设玄关，设置鞋柜增加储物空间。

（2）将厨房与餐厅的隔墙改为橱柜吧台，既增添了使用功能，又起到了空间分隔的作用，同时进一步连通了客厅、餐厅和厨房，有效地拓展了走道空间和使用面积。

改造后

3.装修方法

装修风格：简约现代

主要材料：聚晶玻璃、彩色乳胶漆、玻化砖、防滑釉面砖、复合木地板

为了打破餐厅狭长而又沉闷的氛围，两侧墙壁涂刷浅绿色乳胶漆，与电视背景墙相呼应。客厅液晶电视背后安装一块彩釉聚晶玻璃，与浅绿色墙面形成对比，铺设浅蓝色复合木地板，使整个空间色调趋向宁静、安逸。卧室面积不大，为了拓展使用空间，在衣柜中央设置内凹台面，用于陈设装饰品。卫生间布局紧凑，沿着墙面安排各种卫浴设备，并保留适当的活动空间。

1.10 遮阴防尘巧分区，空间规划有秩序

户型问题	房间楼层靠近马路，厨房卧室灰层大且屋内隔断多
解决方法	打通房间隔断，改善门窗防灰尘

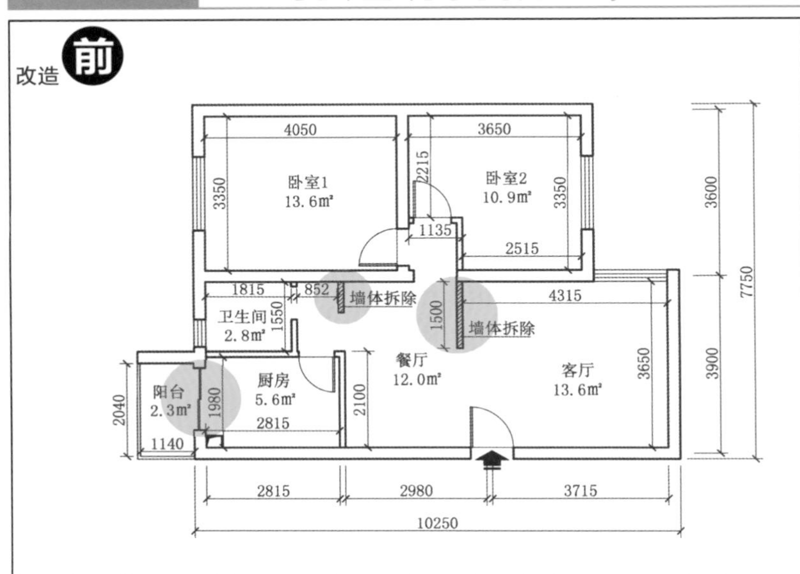

1.现实情况

建筑面积78m²，使用面积62m²，两室一厅，两卧室面积相差不大。由于房屋楼层靠近马路，且阳台为推拉式门，平时灰尘较大，对厨房等室内环境有影响，故希望改造以解决问题。

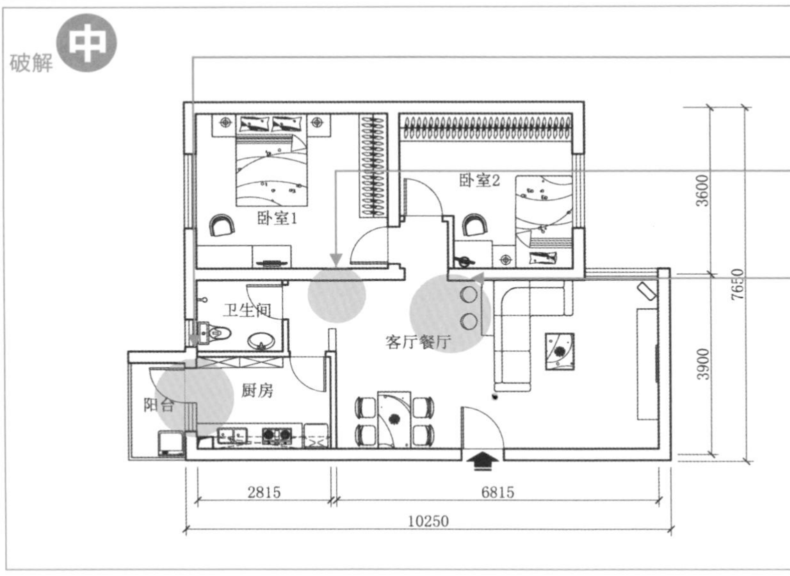

2.改造方法

（1）厨房与阳台之间的推拉门改造为普通单侧门，有效防止室外灰尘进入厨房。

（2）拆除卫生间门外墙体，将干湿分区改造成干湿一体区，有效拓宽房间面积。

（3）拆除客厅一处墙体，在沙发转角处设置一处吧台，不占用较大空间的同时活跃空间氛围。

改造

3.装修方法

装修风格：简约现代

主要材料：地毯、彩色乳胶漆、硝基漆、白枫木饰面板

客厅的集中化程度很高，充分运用转角空间，将不大的室内面积留给两间卧室。客厅沙发背后设置一处小型吧台桌，方便了观看电视，同时也利用了转角空间。地毯是常见的地面铺设材料，电视背景墙上采用地毯取代传统的墙纸，显得更有质感。主要选用浅橘红、浅米黄彩色乳胶漆搭配白色硝基漆，使室内环境氛围柔和、温馨。

1.11 异型空间巧设计，方圆通透各成一体

户型问题	空间功能区联系不紧密，卧室距离厨房和卫生间较远
解决方法	拆除单侧墙壁，重新开门增加联系

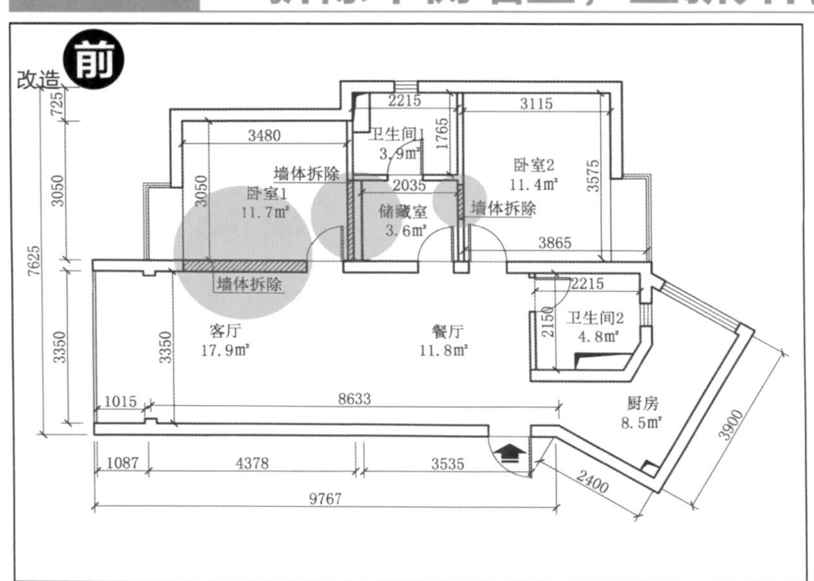

1.现实情况

建筑面积88m²，使用面积70m²，两室一厅。异型空间且各功能区联系不太紧密，出入各功能区不是很方便。故希望加强空间联系且简化各房间进出流程，方便日常生活。

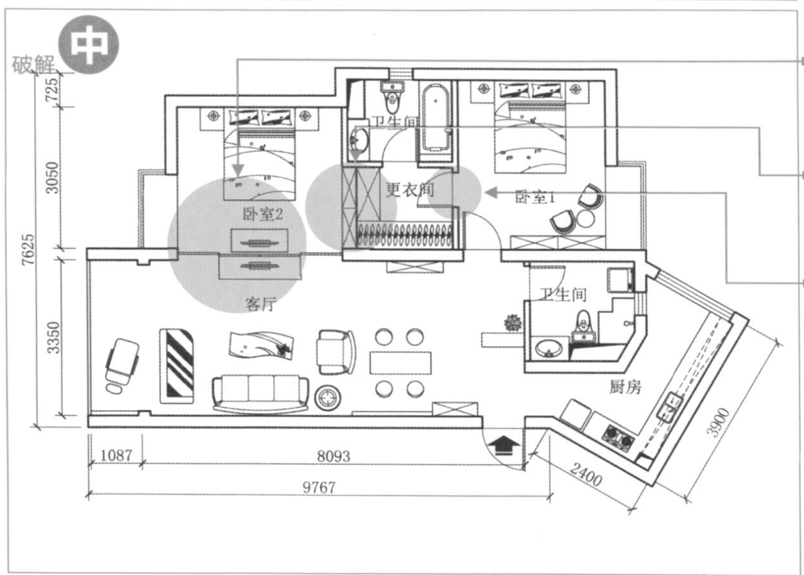

2.改造方法

（1）拆除客厅与原卧室1之间的墙体，增设一处进出口，加强卧室与客厅空间的联系。

（2）拆除储藏室与卧室之间的墙体，使储藏室变成更衣间，制作双面储藏柜。

（3）改造更衣间开门方向，给改造后的卧室1专用，提高该空间的利用率。

改造

3.装修方法

装修风格：新中式

主要材料：檀木饰面板、杉木板、水泥板、墙纸、马赛克

大面积采用檀木饰面板和杉木板相结合，营造出我国南方传统民居的风韵；而水泥板和马赛克墙面能映衬出现代气息，两者相碰撞给整体环境带来了无限生机。此外，方与圆的结合也令传统韵味倍显突出。适当点缀阔叶绿色植物也能让起居环境清新宜人。

1.12 百变造型，斑斓光影创意无限

户型问题	客厅活动区面积较小，次卧、书房空间使用率不高
解决方法	更改功能区位置，提高空间使用率

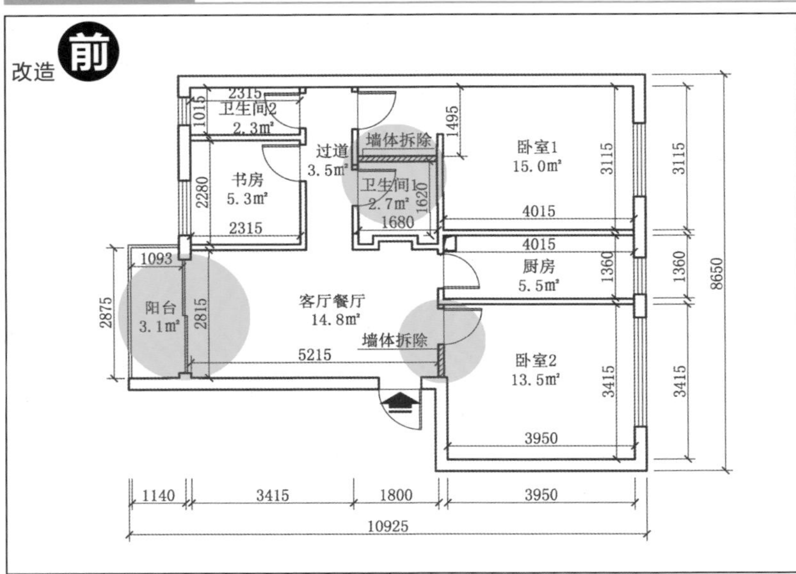

1.现实情况

建筑面积82m²，使用面积65m²，房间主人是一对年轻夫妻，平时家里两口人居住，因此除了主卧以外，其他房间利用率不高。且房屋整体氛围较沉闷单调，故希望在安全环保的前提下，提高各房间使用率。

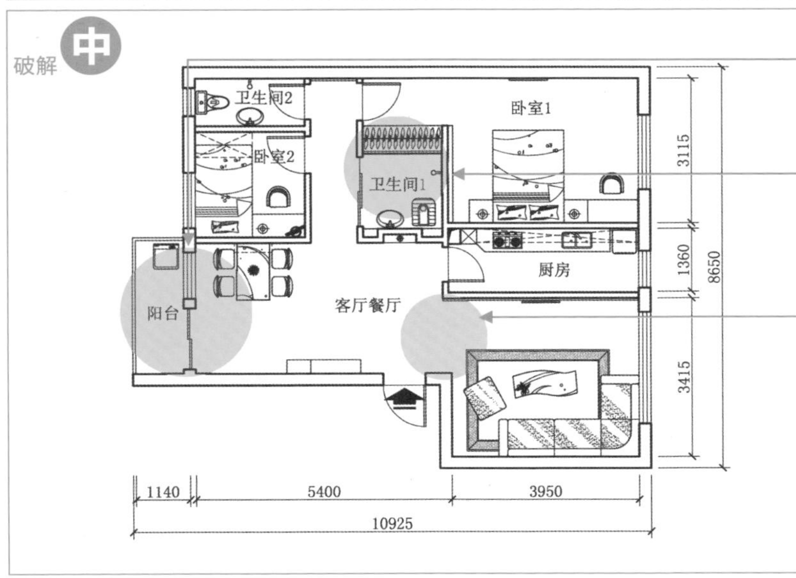

2.改造方法

（1）将阳台单侧门改造成推拉门，方便主人进出晾晒。

（2）将卫生间单侧门同样改成对开推拉门，方便如厕。同时将卫生间旁的隔墙拆除，为卧室1制作衣柜。

（3）将卧室2多余墙壁和门一同拆除，营造开放式空间，卧室2变成客厅，增大客厅使用面积。同时将原书房改造成卧室2，方便来客人时使用。

3.装修方法

装修风格：前卫时尚

主要材料：彩色乳胶漆、聚晶玻璃、玻化砖、水泥板

在室内空间大量运用玻璃、镜面和塑料透明材料，让光影关系变得扑朔迷离，并且能有效增大空间的视觉通透感，使原本有限的空间更显开阔，非常适合小户型的装修。配合彩色乳胶漆、水泥板、装饰墙砖等弱反射材料，相得益彰，营造出多种创意效果。

1.13 以人为本，舒适节能两不误

户型问题	畸零空间浪费大
解决方法	利用好畸零空间，增设更衣间

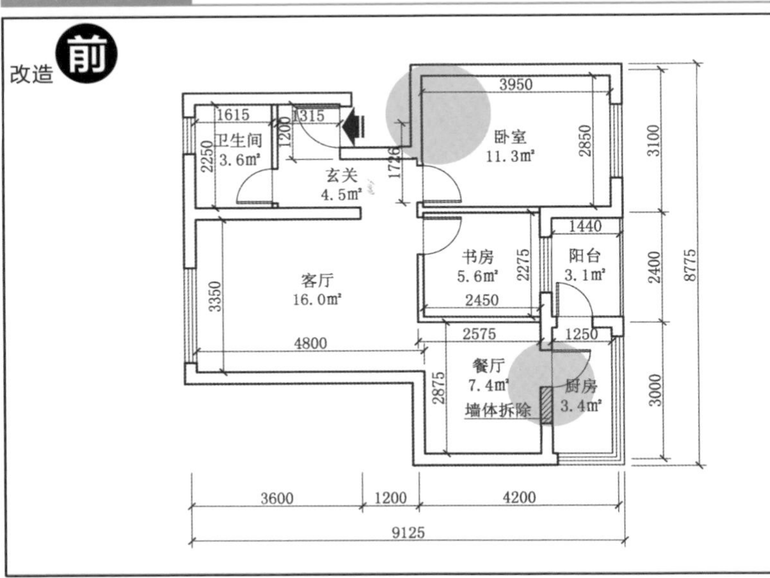

1.现实情况

建筑面积78m²，使用面积62m²，两室两厅户型，整个户型给人感觉是被分割得太琐碎，造成畸零空间过多。房主是对年轻夫妻，考虑到近年没有要小孩的打算，所以两间房一间做卧室，另一间用作书房。因此，希望在合理布局的基础上，既达到空间利用最大化，也能使日常起居生活更方便舒适。

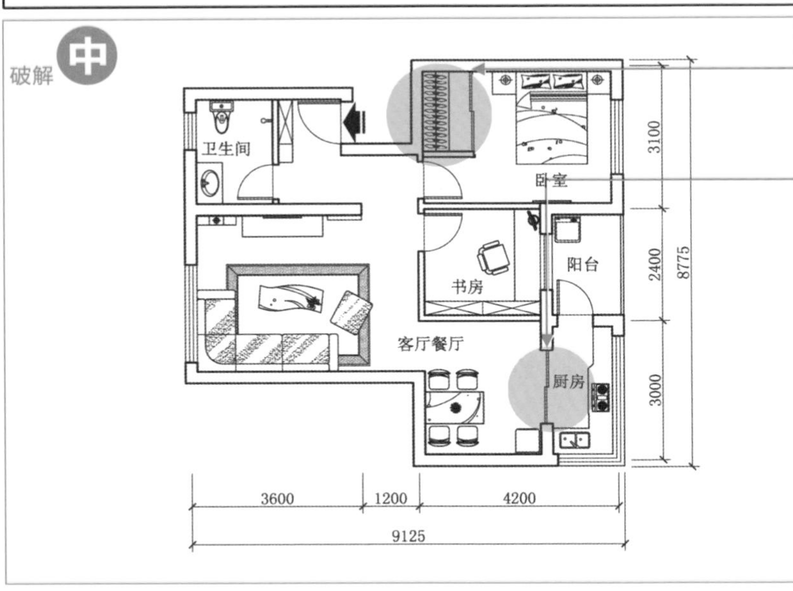

2.改造方法

（1）在卧室内制作小段隔墙，增设内藏式更衣间，使卧室的空间感觉更有层次。

（2）拆除厨房部分墙体与单侧门，改为推拉门，打造开放式厨房，视觉上使空间具有延伸放大效果。

3.装修方法

装修风格：现代简约

主要材料：彩色乳胶漆、硝基漆、玻化砖、玻璃镜

除了条形装饰墙面以外，几乎没有其他的造型了，全部运用彩色乳胶漆来区分不同空间的格调，色彩调配稳重，布局均衡，每一个空间都营造出独立的装饰韵味。此外，玻璃镜面还可以反射出更多的视觉空间。

1.14 释放自我，通透空间亮起来

户型问题	空间分隔过于烦琐，给人压抑之感
解决方法	拆除多余墙体，扩大空间视觉感

改造前

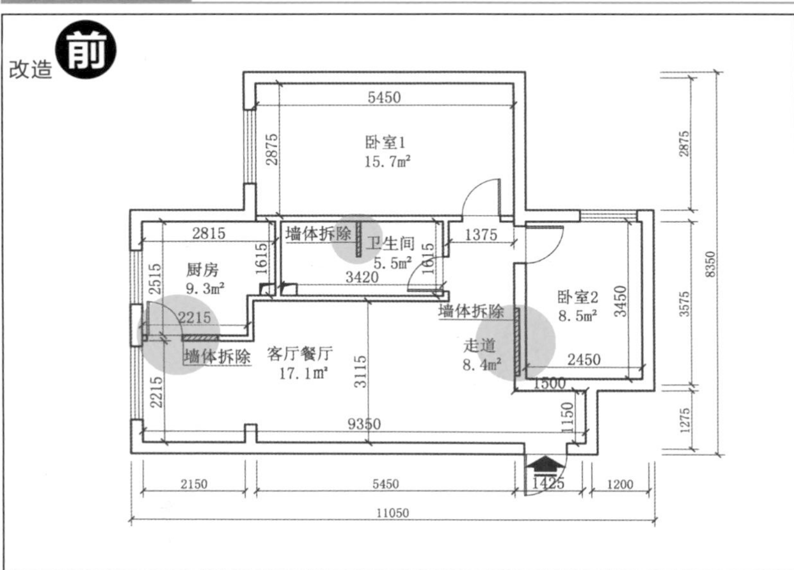

1.现实情况

建筑面积82m²，使用面积66m²，两室两厅。房间主人是一对时尚小夫妻，年轻人阳光奔放的个性使他们觉得整个空间不够通透，有种闭塞感，因此希望通过改造能使空间在不影响使用功能的基础上变得更为通透、明亮。

破解中

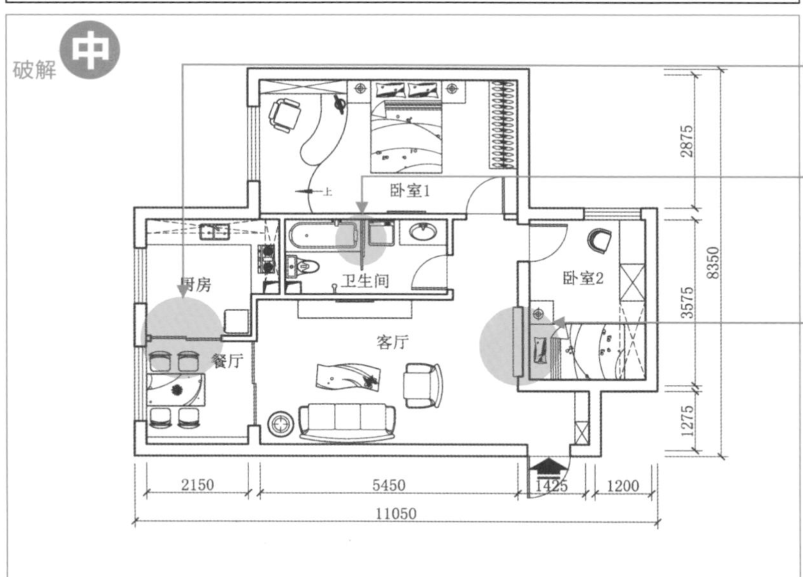

2.改造方法

（1）将厨房与餐厅间的墙体拆除，将原来的单侧门改成推拉门，打造开放式厨房。

（2）将卫生间中的分隔墙体用透明钢化玻璃推拉门替代，扩大了视觉空间，使原本昏暗的卫生间显得通透明亮。

（3）客厅与卧室2之间的隔墙拆除一半，制作装饰柜，面向客厅走道，成为一处室内装饰造型。

改造后

3.装修方法

装修风格：现代简约

主要材料：聚晶玻璃、铝塑板、墙纸、玻化砖

客厅、卧室、厨房都围绕着中央卫生间展开，这种户型布局并不多见，但是将采光都留给了起居空间。客厅作为家庭中最重要的休闲娱乐及会客区域，是家庭成员之间、主宾之间情感交流最多的地方，明亮的客厅能让人感觉轻松惬意，因此客厅对采光的要求也是非常高的。虽然这间居室的客厅在空间布局上比较昏暗，但是通过对各局部色彩的搭配，墙壁涂饰明亮度高的乳胶漆，沙发背景墙铺贴醒目的墙纸，以及地面铺贴浅色的玻化砖等，瞬间让客厅明亮起来。客厅电视背景墙采用的是仿黑金砂聚晶玻璃和白色铝塑板相搭配，对比鲜明。电视柜悬挑在背景墙上，使客厅空间宽裕了不少。

1.15 小空间里大智慧，让你的小家大起来

户型问题	空间布局浪费较大
解决方法	打破常规布局设计，最大化利用空间

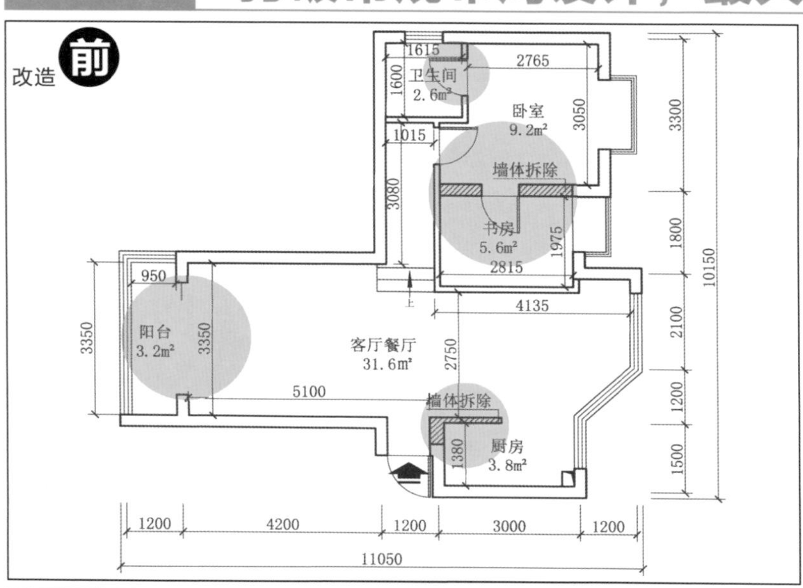

1.现实情况

建筑面积76m²，使用面积61m²，小两室两厅，原有的户型分布使本来就不大的空间显得更为狭窄，进入居室给人一种沉闷拥挤的感觉。因此房屋主人希望通过改造能最大化利用空间，在视觉与感受上能让房间显得更大一些，并且实用功能也更强一些。

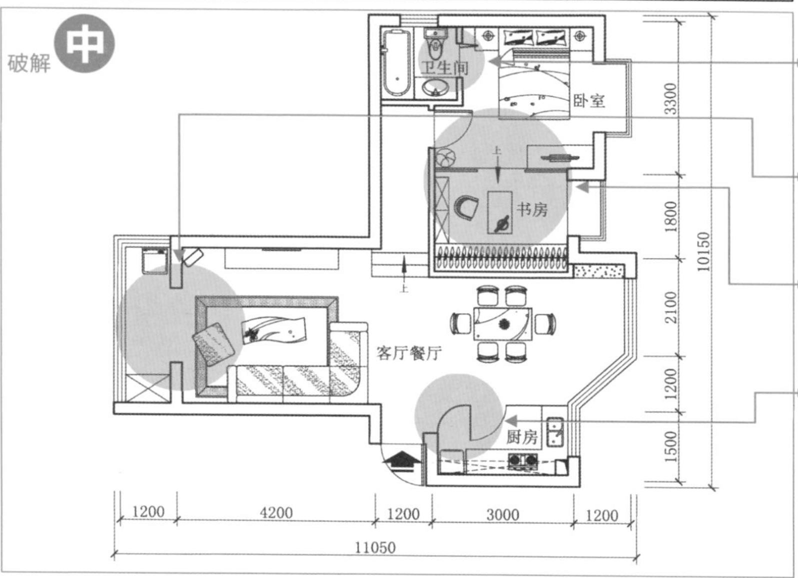

2.改造方法

（1）将卫生间平开门改为折扇推拉门，可以双向开关，节省卫生间与卧室空间。

（2）拆除阳台上的推拉门，使客厅与阳台连为一体，最大化利用空间面积。

（3）将书房与卧室之间的墙体拆除，改成推拉门，瞬间整个空间变得通透开阔。

（4）将厨房与客厅间的墙体拆除，替换为圆弧转角的橱柜做分隔，不仅使空间更开阔，同时还能增大储物功能。

改造 后

3.装修方法

装修风格：简约风格

主要材料：彩色乳胶漆、玻化砖、铝塑板、复合木地板

红色、米黄色、白色相搭配，将中西方古典装饰元素经过简化抽象后运用进来，通过几何体块造型有机结合在一起。非常规形态的玻化砖和墙面彩色乳胶漆搭配是设计的中心。

1.16 大气实用两不误，空间分隔显神通

户型问题	卧室区域面积太小，客厅、餐厅、阳台空间利用不合理
解决方法	改变空间布局，提高使用率

改造前

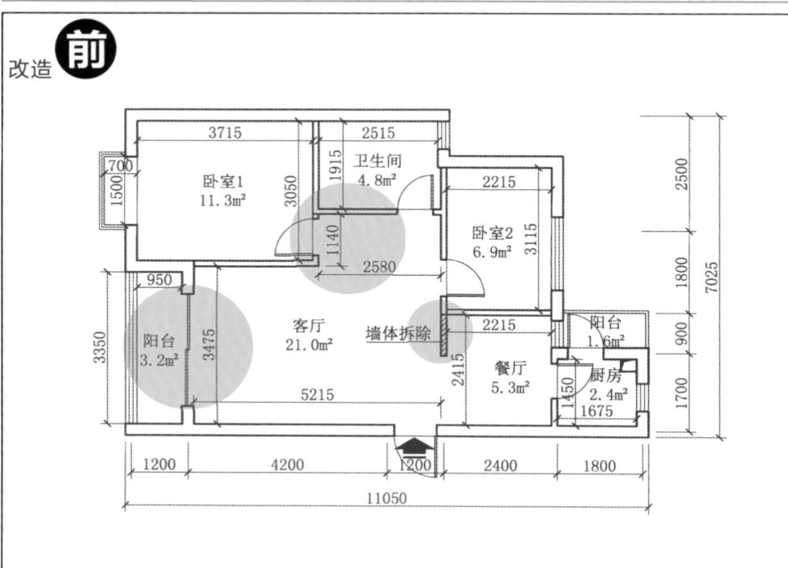

1.现实情况

建筑面积72m²，使用面积58m²，客厅空间虽大，却不够实用，而卧室却过于狭窄。因此房屋主人希望能找到合理分配这些空间面积的方案。另外餐厅采光不足，希望能同时解决这一问题。

破解中

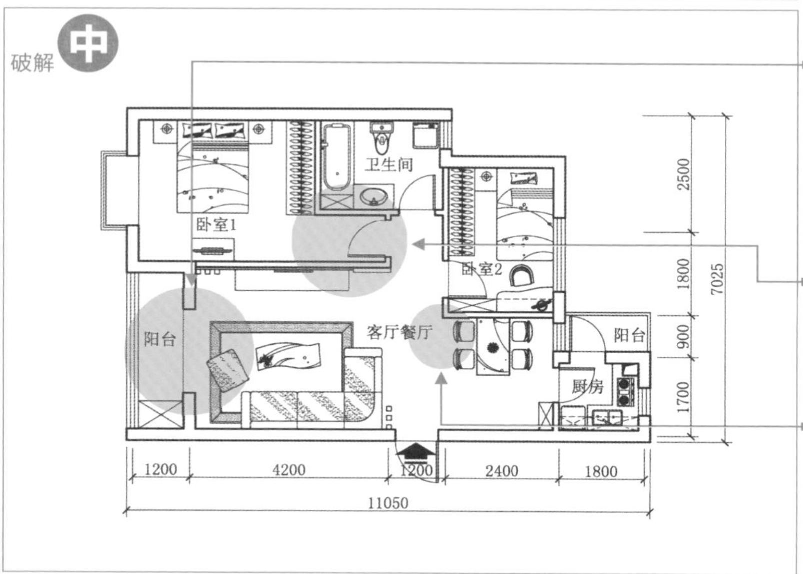

2.改造方法

（1）拆除客厅与阳台间的推拉门，使客厅与阳台融为一体，视觉上增大空间即视感。同时增加客厅与阳台隔墙的墙体部分，这样方便在阳台上安置储物柜，最大化利用空间。

（2）将卧室1的开门向外延伸，这样不仅扩大了卧室的空间，而且扩展部分的背面正好可以作为电视机背景墙。

（3）拆除餐厅与客厅之间的墙体，使餐厅与客厅呈现开放式格局，采光更好，而且在餐厅也能看到客厅的电视。

3.装修方法

装修风格：现代简约

主要材料：墙纸、彩色乳胶漆、红榉木饰面板

客厅的电视背景墙采用红色、蓝色的圆形图案穿插组合的墙纸，与两边的横条、竖条的实木造型装饰线条相搭配，看似简洁，却又不失格调，独具特色，显得清新明亮，彰显主人的高雅品位。客厅与餐厅在配色上力求统一，这样在视觉上能增大空间宽阔感，尤其适合在小居室装修中客厅、餐厅的处理。卧室衣柜采用榉木与玻璃梭拉柜门相搭配，榉木原始的纹理和质感，散发出自然的气息，与玻璃的自然柔和的现代格调搭配，堪称完美，没有烦琐的装饰造型也不会显得单调。

1.17 变换一扇门，家的感觉更美好

户型问题	卧室进出不方便，显得狭小
解决方法	局部拆墙，改变开门位置

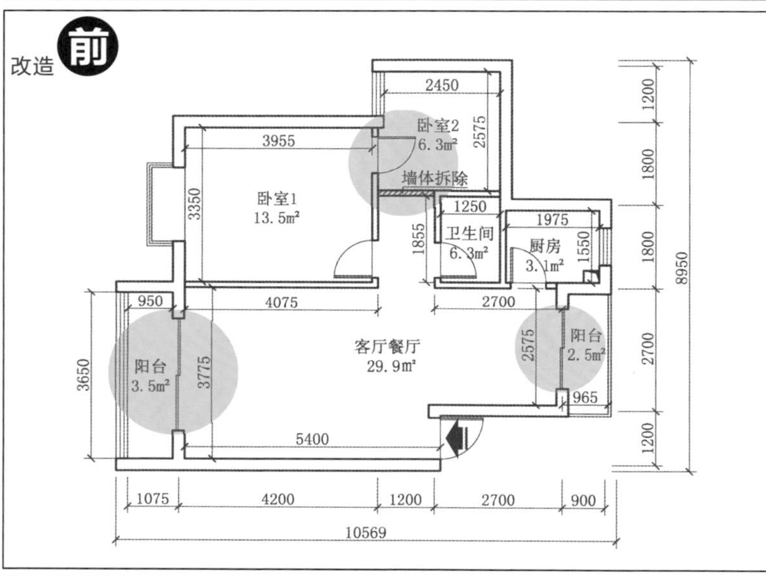

1.现实情况

建筑面积85m²，使用面积68m²，两室两厅的户型，框架结构。户型比较方正，次卧室空间狭小，并且出入不方便，希望能增加单个空间面积，获得更加舒适美好的空间感受。

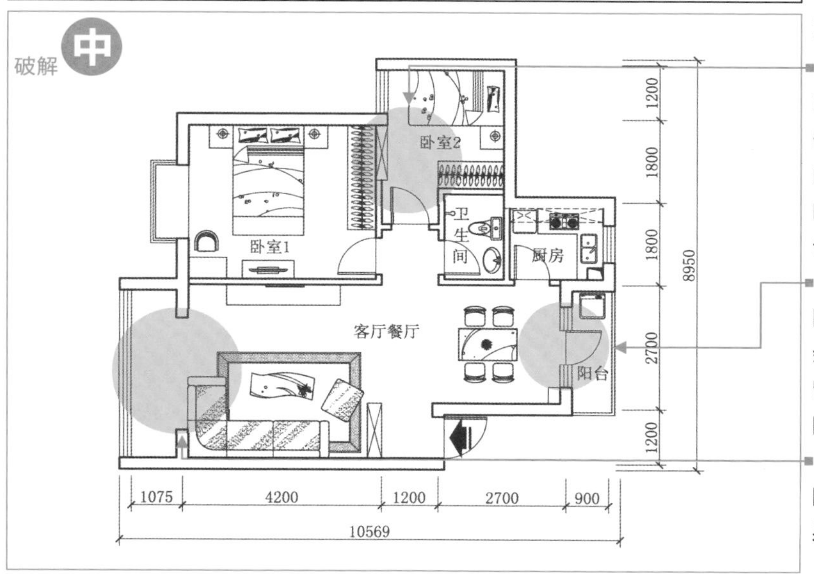

2.改造方法

（1）将卧室2的开门以柜体封闭，拆除另一面墙体，将开门位置向外扩展，不仅使卧室空间更宽阔，而且也增加了房间的收纳功能。另外，进入房间也更便捷了。

（2）将餐厅处阳台的推拉门拆除，中间安装单侧门，两边多余部分安装铝合金窗户，既保留了原有的采光性，又增加了阳台的收纳使用功能。

（3）将客厅处阳台的推拉门拆除，客厅空间呈现延伸放大效果，令采光更加充足。

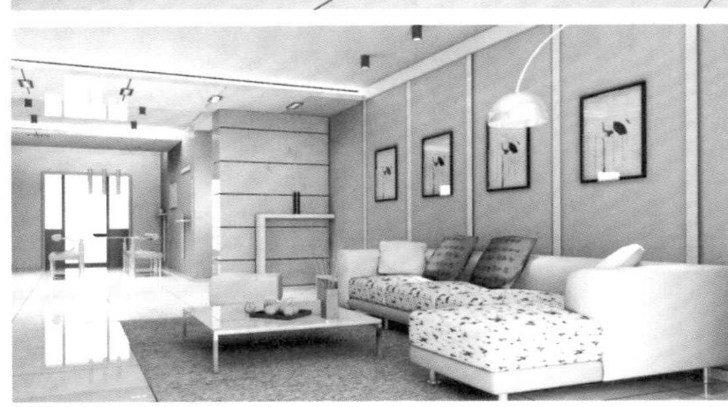

改造后

3.装修方法

装修风格：现代简约

主要材料：墙纸、彩色乳胶漆、硝基漆、玻化砖、白枫木饰面板

客厅与餐厅采用中黄色乳胶漆和橘红色墙纸搭配，色彩偏向中性，能很好地接纳户外采光，不至于让色彩显得特别炫目。白色硝基漆涂饰在主体家具上，能被彩色墙面衬托出来，白枫木的穿插也丰富了中黄色基调。

1.18 丰富视觉空间，点缀你的小家

户型问题	空间闭塞，让人感觉拥堵、沉闷
解决方法	改变开门位置，视觉上丰富空间层次

改造 前

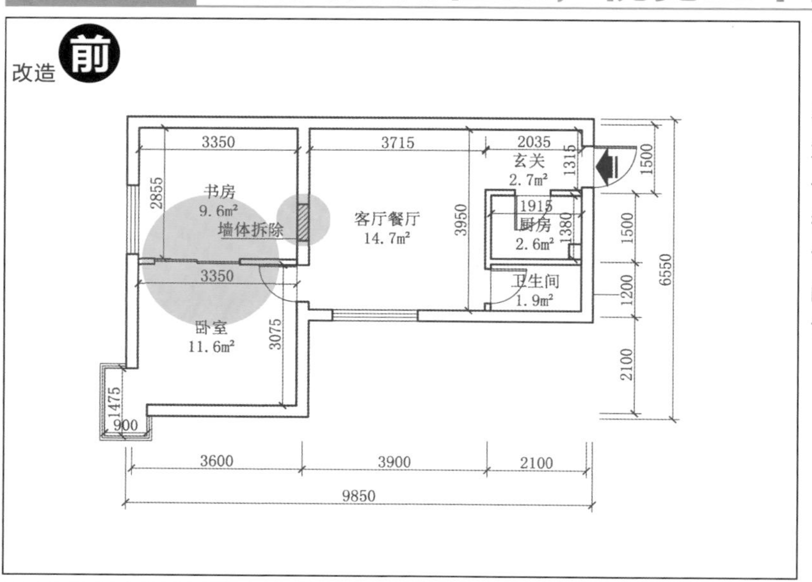

1.现实情况

建筑面积68m²，使用面积54m²，紧凑的小两室两厅的户型，明明有两室，却感觉只有一室，使原本就不大的居室显得更小，书房采光不佳。希望能通过改造获得感观上更宽阔的空间，既满足实用功能，又能在视觉上拓展空间感。

破解 中

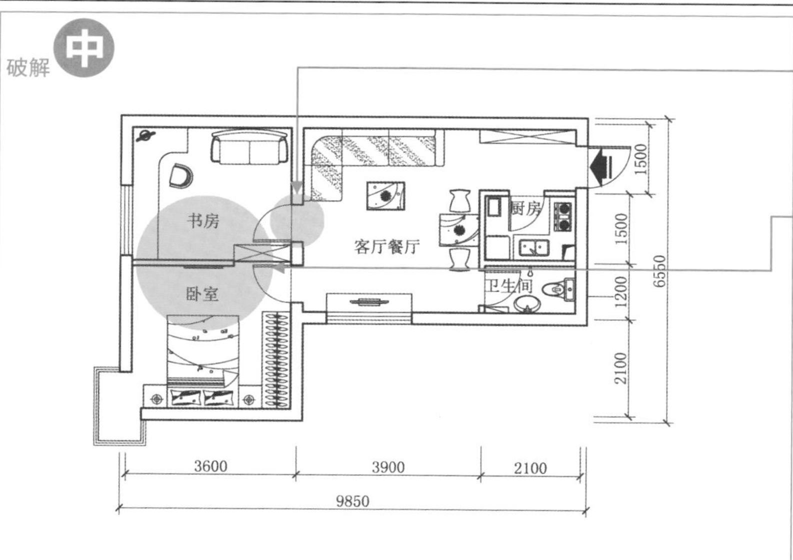

2.改造方法

（1）拆除客厅与书房之间的墙体，安装单侧门，既满足了书房采光的需求，又在视觉上丰富了整个居室的空间层次。

（2）拆除书房与卧室推拉门，重新砌筑薄墙，并将原有的墙体拆除，以书柜替换，将书房与卧室隔离，增加了居室收纳功能。

3.装修方法

装修风格：现代简约

主要材料：枫木饰面板、玻化砖、复合木地板

以白色基调为主，配置白枫木纹理复合木地板显得更加清新明快，客厅沙发与卧室墙面采用红色，给简洁的起居环境带来亮点。餐桌旁的聚晶玻璃需要预先设计图样后加工制作，将卫生间开门隐含其中，使该客厅空间显得更加简洁。室内不设一盏吊灯，使局部照明成为小户型的装修主体。

1.19 会借光的房子更温暖

户型问题	采光不佳，室内昏暗
解决方法	局部拆墙，增大采光面

改造前

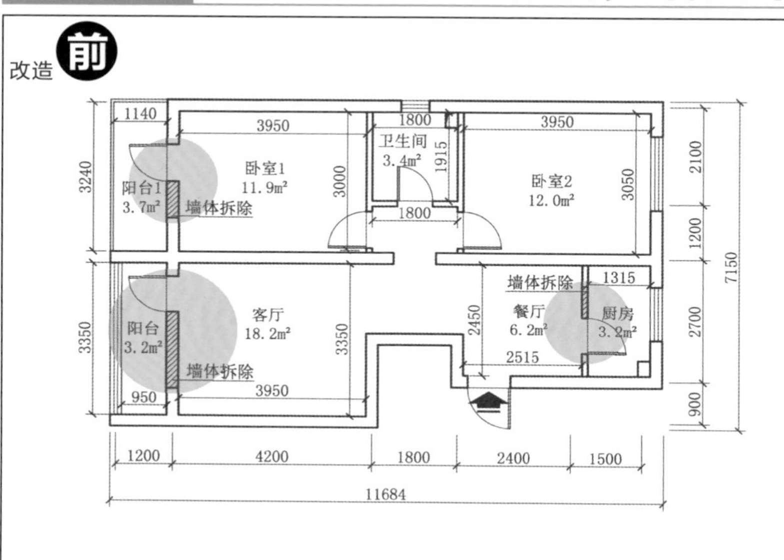

1.现实情况

建筑面积82m²，使用面积65m²，框架结构。此房户型方正，布局合理紧凑，利用率高，美中不足的是采光不足，使整个居室显得晦暗沉闷，尤其是客厅，既昏暗不堪，又狭窄拥挤，使人感觉特别压抑。

破解中

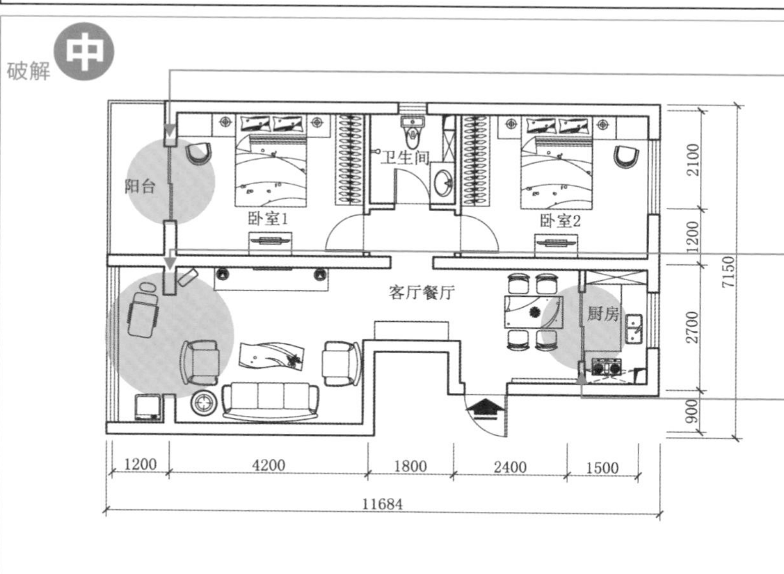

2.改造方法

（1）拆除卧室1与阳台1间的墙体与单侧门，改为推拉门，既增大了空间，又增强了采光，使阳台上的阳光直接照射进卧室。

（2）拆除客厅与阳台间的墙体与单侧门，使客厅与阳台合二为一，瞬间整个客厅、餐厅都明亮起来。

（3）拆除餐厅与厨房间的墙体与单侧门，改为推拉门，打造通透敞亮的开放式厨房效果。

改造 

3.装修方法

装修风格：简约中式

主要材料：檀木饰面板、玻化砖、墙纸、硝基漆、彩色乳胶漆

白色电视背景墙造型和灰色墙纸能让电视柜和茶几等家具重心突出。红檀木饰面家具和米黄色花纹墙纸能体现出中式古典风范。客厅与餐厅之间的装饰造型别致、紧凑，体现出整个户型的布局中心，玻璃镜面从顶到墙极力反射出最大面积。卧室装饰格调相近，采用彩色乳胶漆橘红和浅黄两种色彩来区分。

1.20 换个方式，体验更便捷的空间享受

户型问题	厨房正对大门
解决方法	改变厨房开门位置

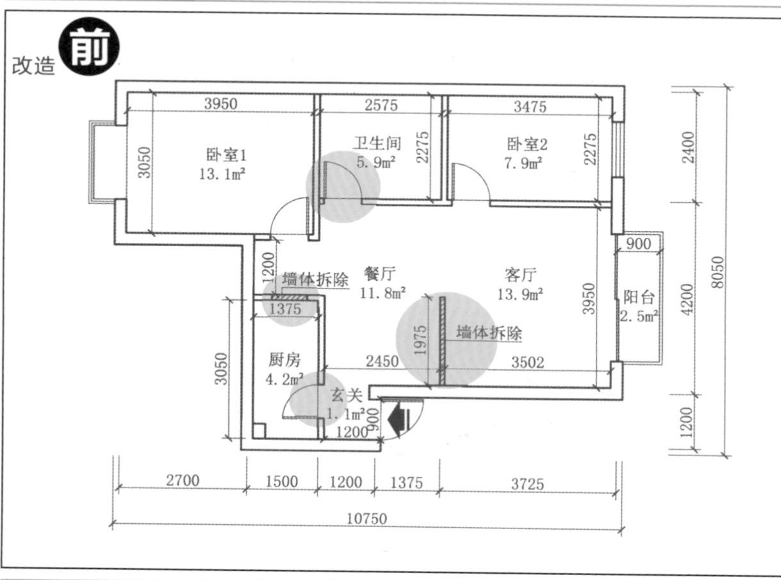

1.现实情况

这是一套两居室，建筑面积78m²，使用面积62m²。厨房正对大门开门，有碍观瞻，且从厨房至客厅极为不便；卫生间无开窗，典型的“黑房子”。希望在不改变格局的基础上解决卫生间的采光问题和厨房正对大门的问题。

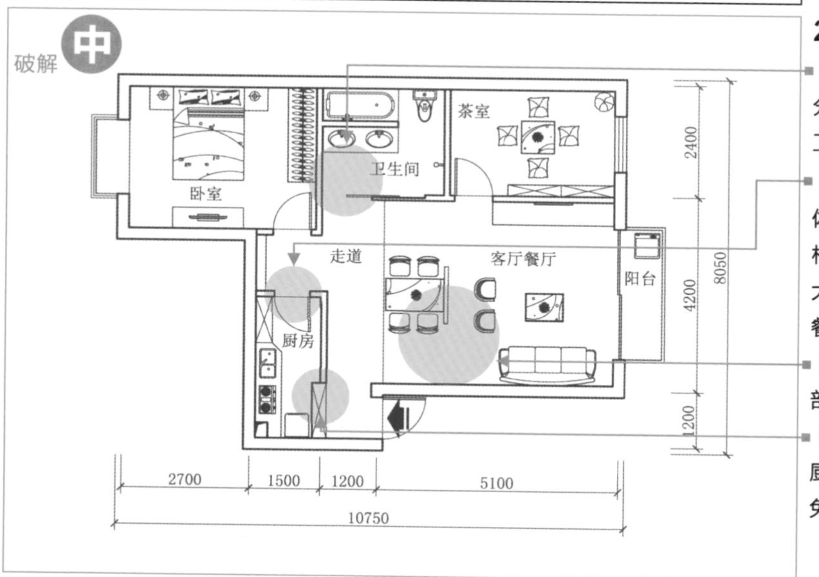

2.改造方法

（1）拆除卫生间单侧门与部分墙体，改为推拉门，解决了卫生间的采光问题。

（2）拆除卧室1对面的厨房墙体，将厨房开门与卧室1开门相对，既不影响厨房的空间最大利用化，又方便了从厨房至餐厅的进出。

（3）拆除客厅与餐厅间的墙体部分，使视觉上更开阔。

（4）封闭厨房原有的门，将厨房原有的门用橱柜替代，避免了进门正对厨房的尴尬。

改造后

3.装修方法

装修风格：现代日式

主要材料：仿古砖、水泥板、沙比利饰面板、枫木饰面板

采用日式住宅中特有的格栅构件作为主要装饰元素，将沙比利与白枫木两种木纹色彩有机结合起来，体现现代日式风格里蕴含的传统格调。

1.21 取舍相宜，大局为重

户型问题	厨房、卫生间、次卧三处的开门太过集中
解决方法	将卫生间门后退，解决功能上的尴尬

改造 前

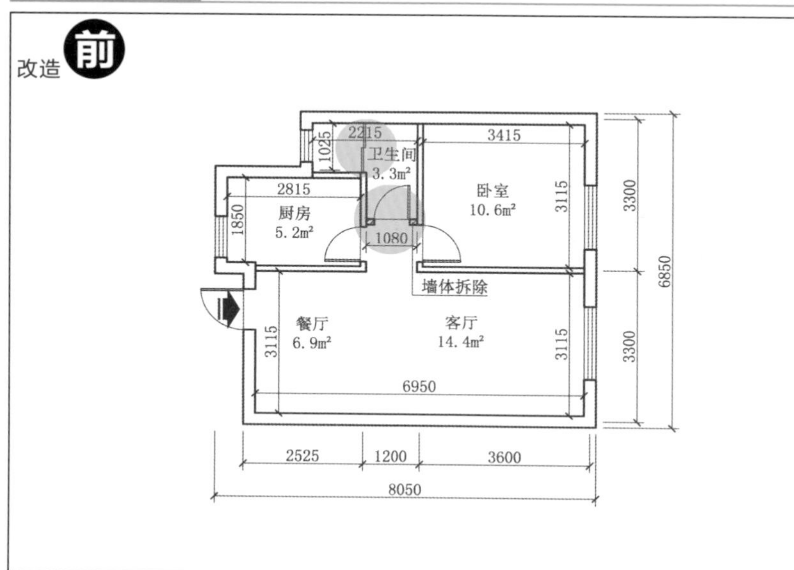

1.现实情况

建筑面积49m²，使用面积39m²，一居室，为了使卫生间在视觉上显得较宽敞，将卫生间的门设置得太尴尬，实际上卫生间的真正使用面积并未得到提高，另外餐厅部分显得有些拥挤。希望能增加空间面积，解决卫生间、厨房、卧室三处开门的问题。

破解 中

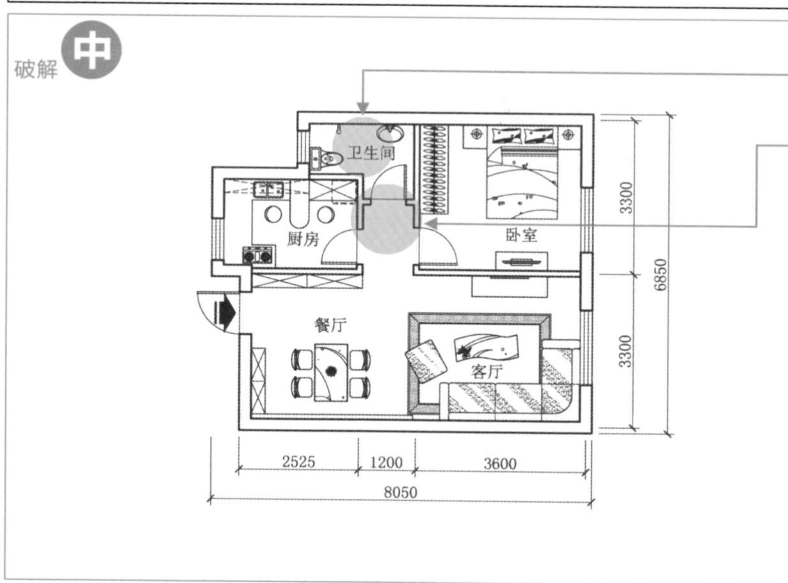

2.改造方法

（1）将卫生间的推拉门拆除，使卫生间宽敞不局促。

（2）将卫生间开门处的墙体拆除，在与厨房橱柜平齐的直线上重新砌筑新的墙体，安装单扇开门，使卫生间的门不与厨房和卧室的门扎到一堆，化解尴尬。

3.装修方法

装修风格：现代简约

主要材料：墙纸、玻化砖、彩色乳胶漆、硝基漆、烤漆板柜门

想通过装修让小户型最大限度地释放功能而又不会显得拥挤杂乱，就必须从多方面着手。黑色、灰色和白色是外部空间的装饰主题，黑色有缩小、后退的视觉感，白色给人扩大、前进的视觉感，灰色作为中间色，起协调、过渡作用。通过这三种深色、浅色与中间色的搭配，让空间层次感分明，视觉上对空间有着扩大丰富的作用。同时，黑色烤漆板柜门也增显了室内亮度。

在不影响厨房使用功能的基础上，在厨房中设置一个小型餐桌，使厨房呈现出“T”型布局。小餐桌可以供早餐和宵夜之用，让居家生活更便利，更适合居住人数不多的小户型。厨房的色彩、家具配置与客厅及餐厅保持一致，使这三个功能区形成和谐的整体，整齐大方。

卧室中暖色系的墙纸，与铁艺花式顶灯造型融为一体，营造出温馨舒适的氛围，床头背景墙上实木黑色边框的装饰画，起到协调重心的作用，使卧室的色彩在整体上显得层次丰富。

1.22 化繁为简，给你意想不到的惊喜

户型问题	墙体过多，居室空间无法最大化利用
解决方法	巧妙拆除多余墙体

改造前

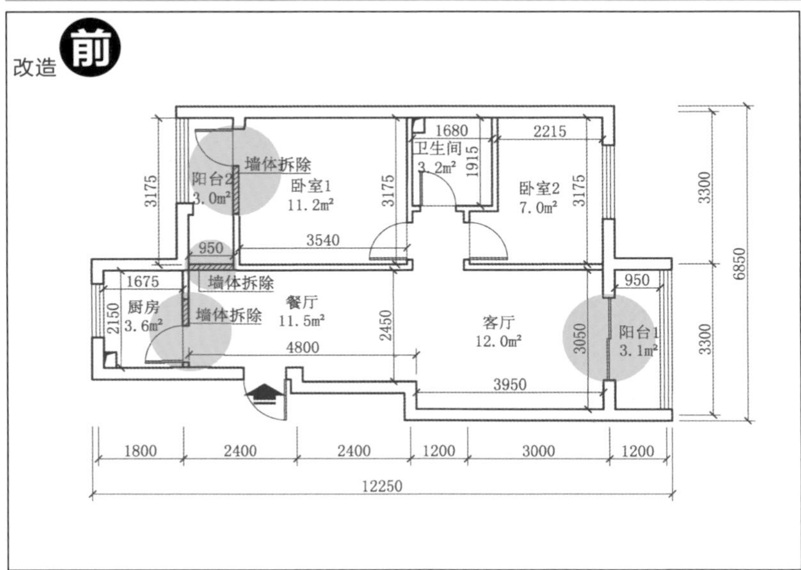

1.现实情况

建筑面积85m²，使用面积68m²，两室两厅。与阳台相邻的卧室如果关上阳台门，采光通风都极被动，完全成了一个闭塞的空间。客厅面积太狭窄，使用不方便。希望能改善卧室的采光通风问题，打造通透舒适的居住空间。

破解中

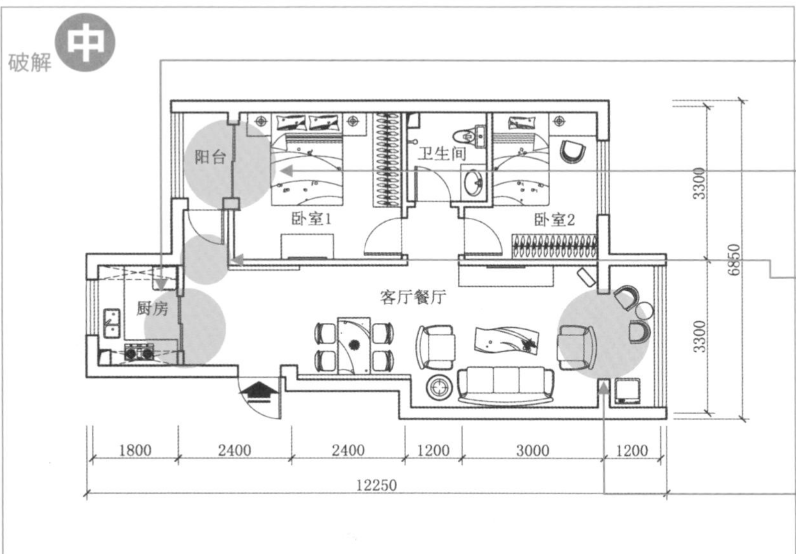

2.改造方法

（1）将厨房墙体拆除，将单侧门改为双向推拉门，使厨房、餐厅、客厅呈开放式格局。

（2）拆除阳台2与卧室1的墙体与单侧门，解决卧室1采光通风问题。

（3）将阳台2与餐厅间的墙体拆除，缩小阳台的空间，既扩大了餐厅的空间，又使阳台与卧室完美地合二为一，在阳台与餐厅之间安装单侧门，方便进出阳台。

（4）将阳台1与客厅打通形成整体，使客厅采光更好。

3.装修方法

装修风格：现代中式

主要材料：墙纸、柚木饰面板、钢化玻璃

黄花梨是中式风格装修中最常用的木质材料，具有典型的中式韵味。这间居室各功能空间中的木质构造大多使用的是黄花梨，整体协调统一。

客厅与阳台之间的门拆除后，在阳台上放置桌椅，既在视觉上使客厅与阳台形成一个整体，扩大了整个居室的空间感，同时，阳台也得到更充分的利用，使居室更紧凑实用。客厅的电视背景墙利用多种不同颜色的墙纸搭配使用，效果独特，将中式设计风格体现到高峰。

餐厅墙面上的装饰画，采用中国红与黑色的底色，图案具有中国少数民族的特色，在细节上将中式风格悄然融入。

1.23 破茧成蝶，打造都市白领个性宅

户型问题	单个空间狭窄
解决方法	拆除多余墙体，增大使用面积

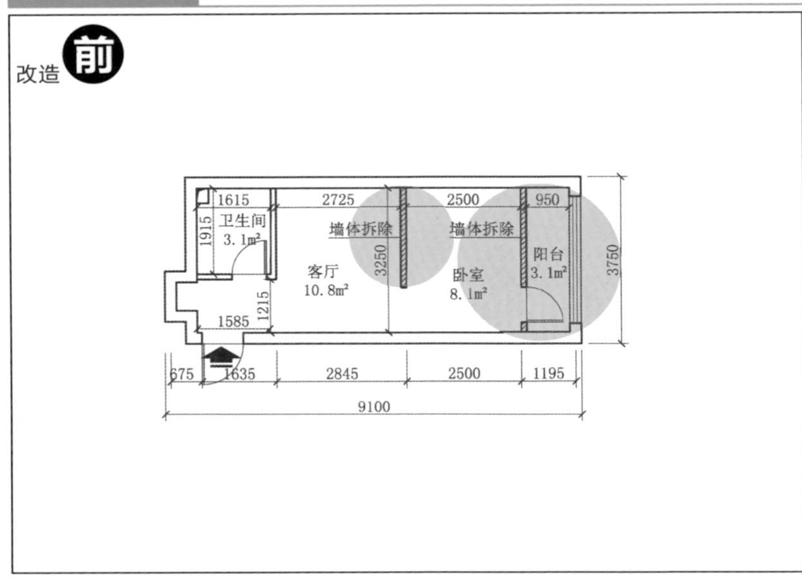

1.现实情况

建筑面积36m²，使用面积28m²，这是一套近年来比较流行的一居室公寓，由于面积有限，因此分隔出的每个单间都比较狭窄，舒适度不高。房主是一位追求品位生活的白领人士，因此希望在居住舒适的基础上凸显个性。

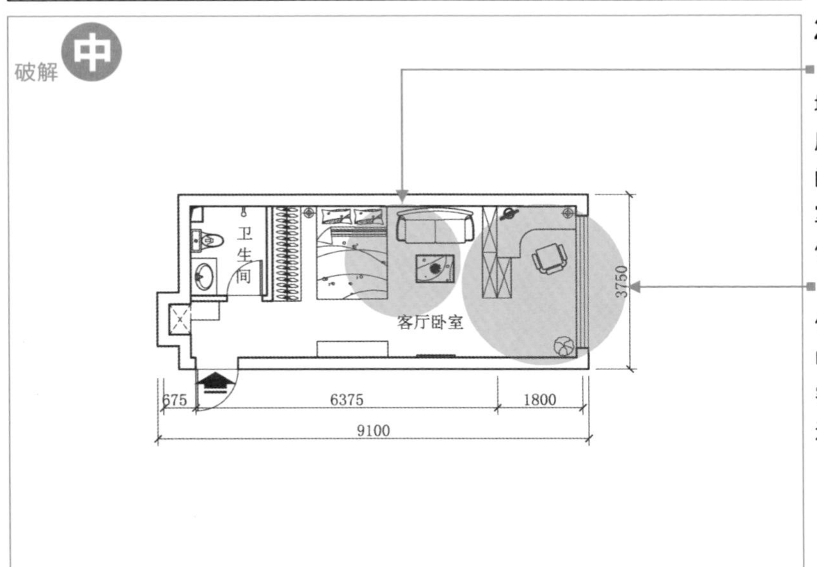

2.改造方法

（1）拆除客厅与卧室之间的墙体，这样既能增大卧室的使用面积，而且还能有足够的空间放置衣柜、沙发，解决了卧室空间狭窄问题的同时综合了休息与会客两项功能。

（2）拆除卧室与阳台之间的墙体与单侧门，将原阳台处放置电脑桌，增加书房的功能，将客厅、卧室、阳台三大区域打通，令采光更加充足。

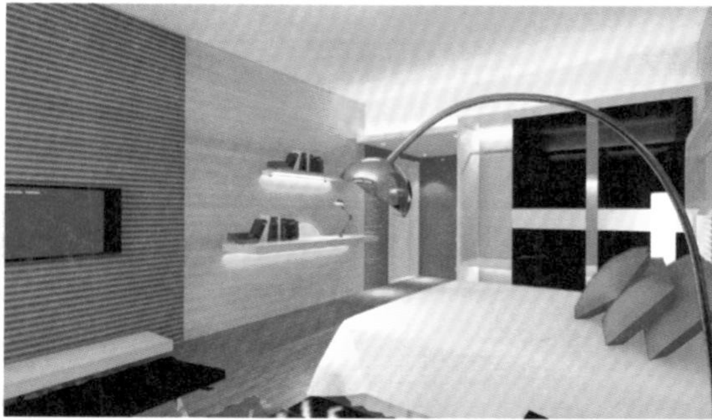

改造后

3.装修方法

装修风格：简约时尚

主要材料：枫木饰面板、波纹板、聚晶玻璃

酒店式公寓是近年来非常流行的住宅形式，这套户型在有限的空间里依次布置了烹饪、卫浴、休息、休闲、工作等一系列活动场所，为现代快节奏生活营造了一处宁静的港湾。

拆除了一些原有的分隔空间的墙体后，整个居室成为一个整体的空间。因此在装修中，运用色彩的差异在视觉上来划分各功能区。不同的功能区域有着不同的主题色。灰色和黄色是卧室的装饰主题，配合枫木饰面，点缀聚晶玻璃；红色和黑色是会客区及工作区的装饰主题等。通过这些色彩的区别，既能让各功能区显得开阔宽敞，又能让人清晰明了地区分。

1.24 一点小技巧，巧解令人头疼的采光难题

户型问题	客厅、餐厅采光不好
解决方法	拆除部分墙体

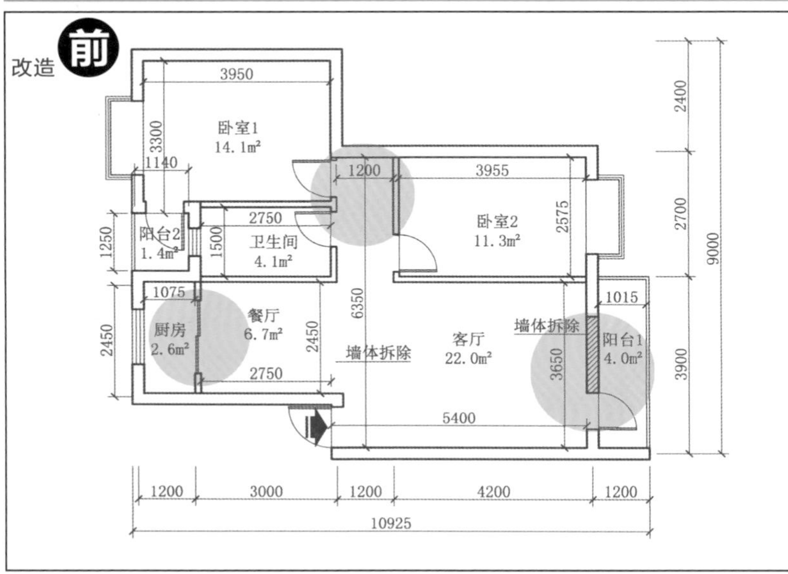

1.现实情况

建筑面积86m²，使用面积68m²，两室两厅，这套户型比较方正，空间分配合理，并且有两个生活阳台，这在这种面积的户型中属于少见的，缺陷就是室内采光不足，尤其是客厅和餐厅这一块，空间分割过于烦琐多余，希望有好的方案能解决这些问题。

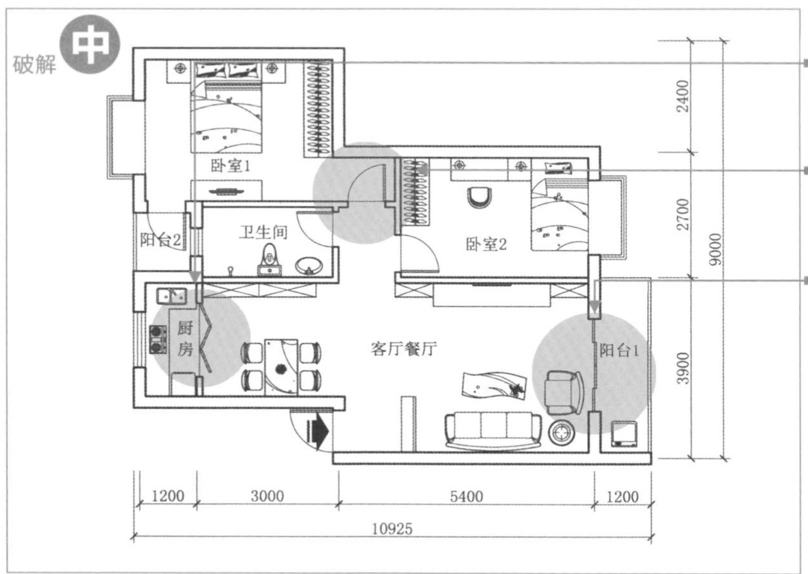

2.改造方法

（1）将厨房普通推拉门改为折扇推拉门，提升了餐厅采光效果。

（2）将卧室1的开门往外移，将走道的一部分并进卧室，增大卧室面积，更实用。

（3）拆除阳台1与客厅之间的墙体与单侧门，改为推拉门，既在视觉上延伸放大了空间面积，又解决了客厅、餐厅采光不足的缺陷。

改造

3.装修方法

装修风格：中式古典

主要材料：梨木成品装饰隔断、墙纸、柚木地板

采用中国传统的家具装饰造型，将现代生活返璞归真。梨木成品装饰隔断的运用恰能完全反映中式古典风格，室内的各种装饰细节都以此为基准，加以变化，丰富了传统韵味。

1.25 巧妙变换布局，充分利用每一寸空间

户型问题	空间没有得到更好的利用
解决方法	改变原有布局

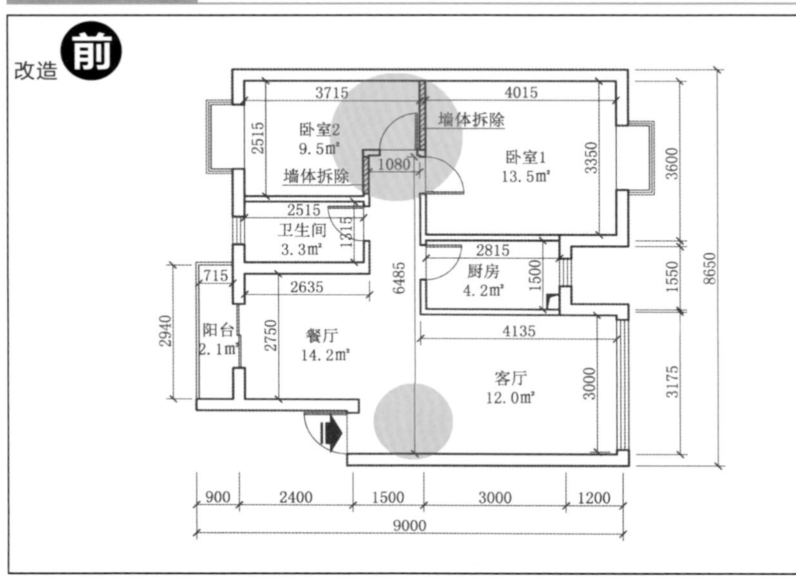

1.现实情况

建筑面积87m²，使用面积69m²，两室两厅，这是一个国内大城市的三口之家的居所，在现如今寸土寸金的都市，能拥有一套自己的居室是非常不容易的，所以，要最大限度地利用每一寸空间是毋庸置疑的。因此房主希望能充分利用居室空间，并且有较充足的收纳空间。

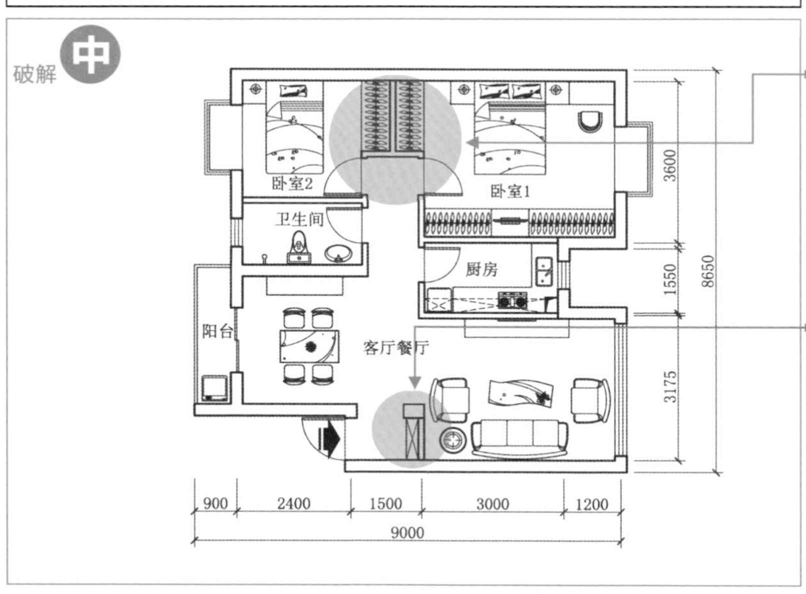

2.改造方法

（1）拆除卧室2单侧门及墙体，将开门设在与卧室1相对的位置，在原来门的位置砌筑薄墙，安放双向衣柜，分别朝向两间卧室，这样卧室2在摆放床之后，还能有余地安放衣柜，大大提高了空间利用率。

（2）将入门处砌筑一段短墙体，并安放鞋柜，既满足了收纳功能，又避免了入门即见客厅沙发的尴尬，巧妙地起到了保护隐私的作用。

3.装修方法

装修风格：现代中式

主要材料：仿古砖、文化石、劈离砖、玻化砖、铝塑板、墙纸

仿古砖、文化石、劈离砖这些质地粗糙的材料与光洁的铝塑板相搭配，显得更加刚劲有力。中式古典除了要在家具上体现以外，更需要墙面材质的衬托。所有古典元素只用于局部装饰，让装修主题仍然停留在大面积墙面上，给日常生活留有余地。

1.26 合理分配，美观实用两相宜

户型问题	空间利用率不高，餐厅采光不好
解决方法	重新分配局部空间

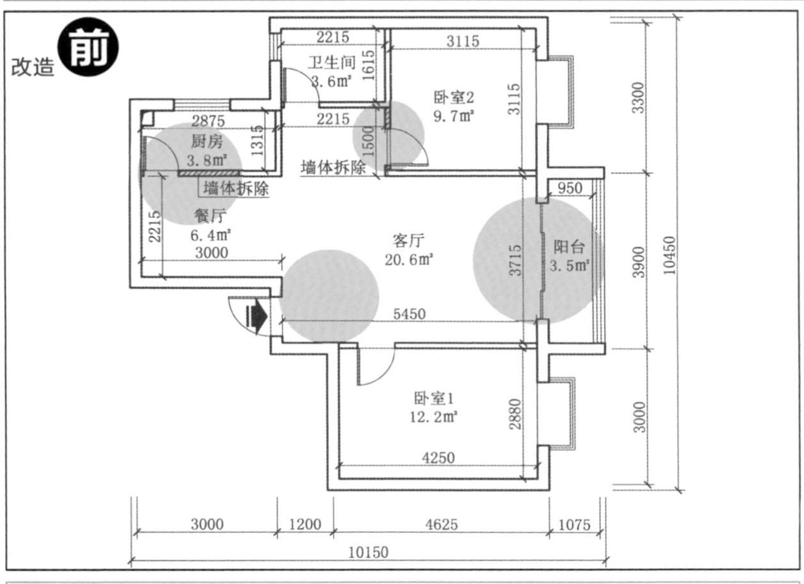

1.现实情况

建筑面积82m²，使用面积65m²，两室两厅的户型，两间卧室被客厅分隔开，更利于家中各成员的休息。餐厅被分割成一个比较闭塞的空间，给人感觉既狭窄又昏暗。通往卫生间的过道浪费过大，显得“鸡肋感”十足。因此希望能科学合理地分配各空间，满足家人现代生活的需要。

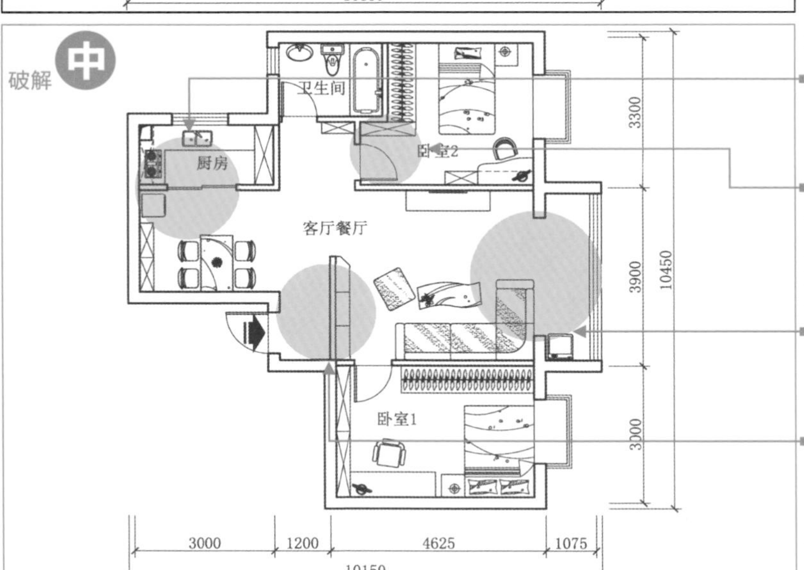

2.改造方法

（1）拆除厨房与餐厅间的墙体与单侧门，改为推拉门，更符合现代人的生活方式。

（2）拆除卧室2的单侧门及墙体，将开门位置向外延伸，巧妙地将过道空间并进卧室，为卧室多安放一处衣柜。

（3）拆除阳台的推拉门，将阳台并进客厅，打造一个通透宽敞的空间。

（4）进门处设置玄关柜，将入户空间与客厅做明确分区，既很好地保护了隐私，又充分利用了空间，增加收纳功能。

3.装修方法

装修风格：现代简约

主要材料：硝基漆、墙纸、复合木地板

这套户型在配色上以棕色系与白色为主，墙面以深棕色与浅棕色墙纸穿插铺贴，多面墙壁上使用同种色彩墙纸能产生呼应效果，同时搭配白色乳胶漆涂饰，电视柜及一些装饰造型均选用白色硝基漆饰面。棕色墙色特别能衬托出白色硝基漆的纯净。

在装饰造型上，以简约的线条及正方形为主，正方形装饰造型是现代主义装饰手法的常用元素，电视背景墙上镂空的四个正方形装饰造型，与卫生间门外走道处吊顶上的正方形装饰造型相呼应，使整个居室风格显得和谐统一。

1.27 通透是居室改造不变的追求

户型问题	空间分割影响了居室的流通性
解决方法	拆除多余墙体

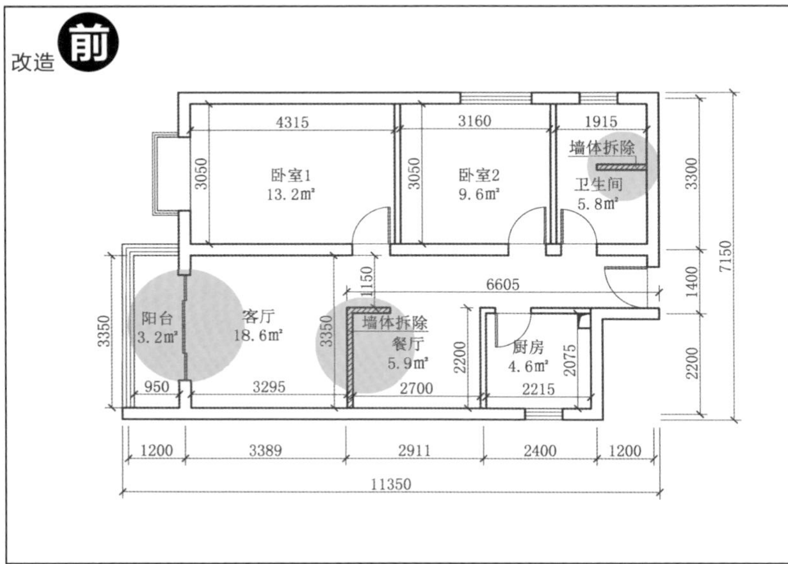

1.现实情况

建筑面积78m²，使用面积62m²，两室两厅，房子主人是一对年轻时尚的夫妻，有着年轻人追求舒适自我又前卫时尚的特点。该户型空间分割过多，尤其是客厅、餐厅部分显得很闭塞、别扭，既浪费空间又阻碍了整个居室空气对流。因此希望能通过重新改造，使整个居室既时尚又实用。

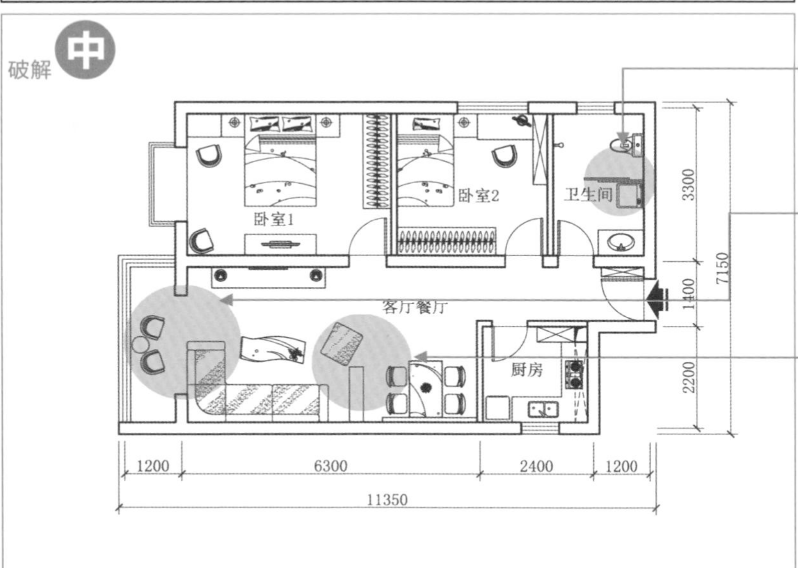

2.改造方法

（1）拆除卫生间中间的分隔墙体，改为推拉门，既保留了干湿分区的功能性，又使整个卫生间具备延伸放大效果。

（2）拆除客厅与阳台的推拉门，将阳台并入室内，既增大了空间，又使整个室内的空气对流变好。

（3）拆除客厅与餐厅间的墙体，改为安放一个装饰酒柜，使客厅、餐厅形成开放式格局，使整个居室大气、通透。

3.装修方法

装修风格：现代简约

主要材料：彩色乳胶漆、聚晶玻璃、铝塑板、玻化砖

客厅一面墙上大面积涂饰颜色纯度极高的大红色乳胶漆，其他墙面涂饰浅蓝色乳胶漆与米色乳胶漆，形成非常强烈的对比，鲜红的沙发背景墙给白色基调的室内环境带来一片热情，成为居室内的吸睛亮点。电视背景墙采用铝塑板装饰，显得坚挺有力。

餐厅吊顶运用了聚晶玻璃，含蓄地反射出餐桌上的美味，激起用餐者浓厚的食欲。客厅茶几下方铺设的条纹图案地毯，与沙发背景墙上的条纹图案木质装饰造型以及沙发上的条纹图案抱枕形成呼应，室内装饰格调和谐统一。所有的造型都在表现现代、时尚的居住理念。

1.28 小居室里的大梦想

户型问题	面积狭窄，空间闭塞
解决方法	局部拆墙，拓展空间

改造前

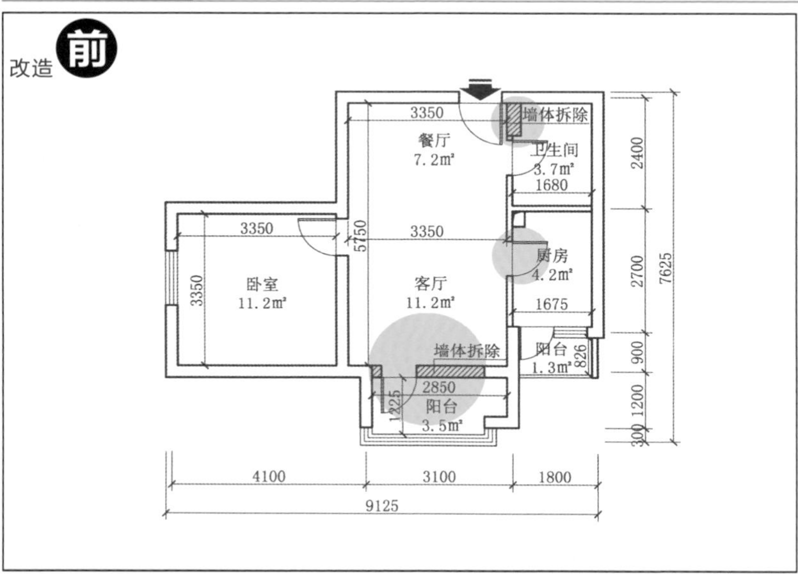

1.现实情况

建筑面积63m²，使用面积50m²，一居室小户型，因为本身面积较小，被分割成各功能区域后，每个区域都显得狭窄而闭塞。由于面积的限制，无法正常满足居家的收纳需求。因此房主希望能物尽其用，使这套居室能尽可能地更紧凑实用，通过改造能使小居室变大。

破解中

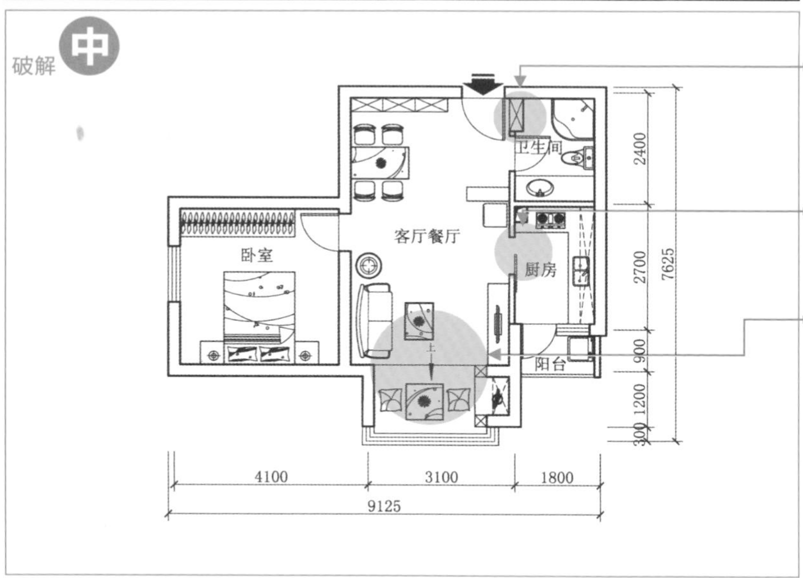

2.改造方法

（1）拆除卫生间墙体，安放一个储物柜，既保留原本的分隔空间的作用，又增加了收纳功能。

（2）拆除餐厅与客厅间的墙体，使这两个区域呈现开放式格局，消除了原本的闭塞感。

（3）拆除客厅与阳台间的墙体及单侧门，并且以两个置顶的储物柜连接客厅电视背景墙与阳台之间的空间，既拓展了客厅空间，又打造了一片小天地，同时收纳空间也增加了。

3.装修方法

装修风格：现代简约

主要材料：彩色乳胶漆、硝基漆、玻璃马赛克、复合木地板、鹅卵石

小户型设计的过人之处就在于拥有超大容量的储物空间。这套方案的电视背景墙融入了展示柜，将储物功能摆到第一位，弥补了小户型住宅的不足，同时造型别致，黑白色对比鲜明的展示柜也给客厅增添了独特的魅力。

卧室的表现打破常规，鲜艳的黄色与嫩绿色及白色搭配的乳胶漆涂饰的床头背景墙，造型上也是简约别致。采用玻璃马赛克铺贴墙面，中间安装吸顶灯，将照明和装饰融为一体。卧室电视隐藏在衣柜中，起到了良好的防尘作用。这种风格非常适合年轻一族的小户型装修。

1.29 打破常规，量身定制属于自己的居室空间

户型问题	各区域分配不符合家庭成员生活习惯
解决方法	改变空间布局，找到最佳方式

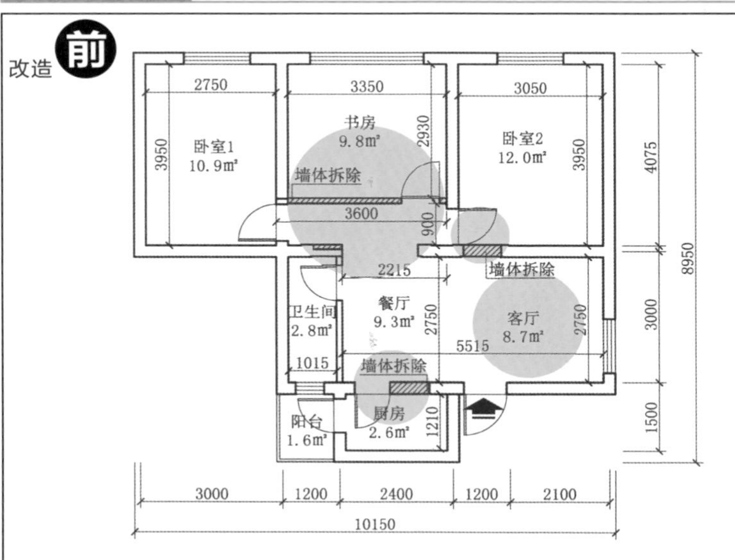

1.现实情况

建筑面积78m²，使用面积62m²，两室两厅。户型本身没什么问题，只是相对居室主人来说，由于个人生活习惯对居住空间有自己的要求，希望能拥有一个相对开阔宽敞的客厅，而对书房大小要求并不高，因此希望能协调这些空间的分配，量身打造更适合自己的居住环境。

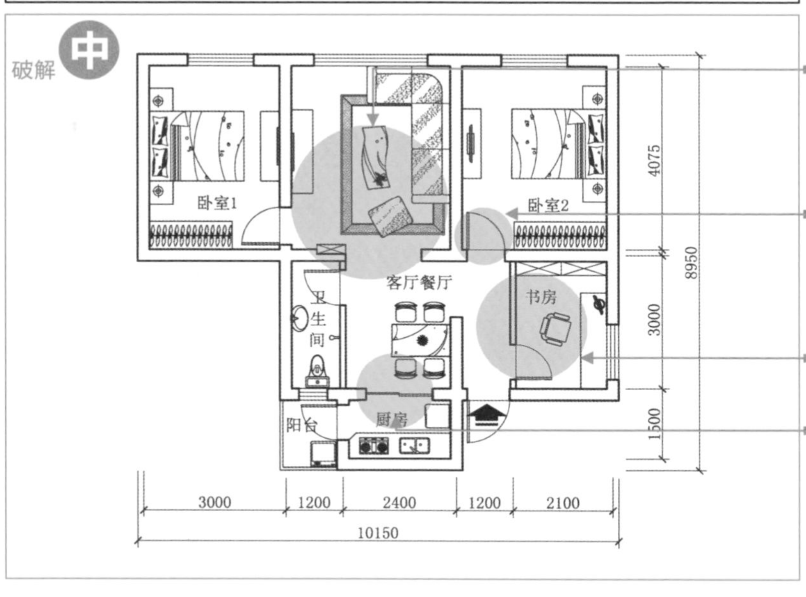

2.改造方法

（1）拆除书房与餐厅间的墙体与单侧门，将其改为客厅，与餐厅相通，打造一个更为开阔宽敞明亮的综合空间。

（2）将卧室2的单侧门以墙体封闭，拆除卧室2与客厅间的部分墙体，在此处重新开门，使客厅得到最大化利用。

（3）将客厅的一部分，砌筑薄墙，分隔出一间紧凑的书房。

（4）拆除厨房与餐厅间的单侧门，改为推拉门，使厨房、餐厅、客厅三大空间形成开放式区域，具有延伸效果。

改造后

3.装修方法

装修风格：现代简约

主要材料：硝基漆、铝塑板、墙纸、石质漆

将原布局中书房与客厅的位置进行重新分配，新布局中的客厅面积得到改善，可以放置一组更宽大的沙发，满足了家人的需求。客厅的电视背景墙使用深棕色的墙纸铺贴，与周围白色的乳胶漆墙面与白色硝基漆涂饰的柜体相互衬托，令空间氛围显得高雅宁静。餐厅与客厅之间以一小段墙体作为分隔象征，既保留了两个功能区的流通性，又有效进行了分区隔离。

在进门处采用条形装饰结构能加快行走速度，让人感到明确的功能作用。主要转角外包装铝塑板，可以提高它的光洁度和耐用性。

1.30 布局创造空间 设计改变生活

户型问题	空间分配不合理，舒适度不高
解决方法	重新分配布局，以人为本

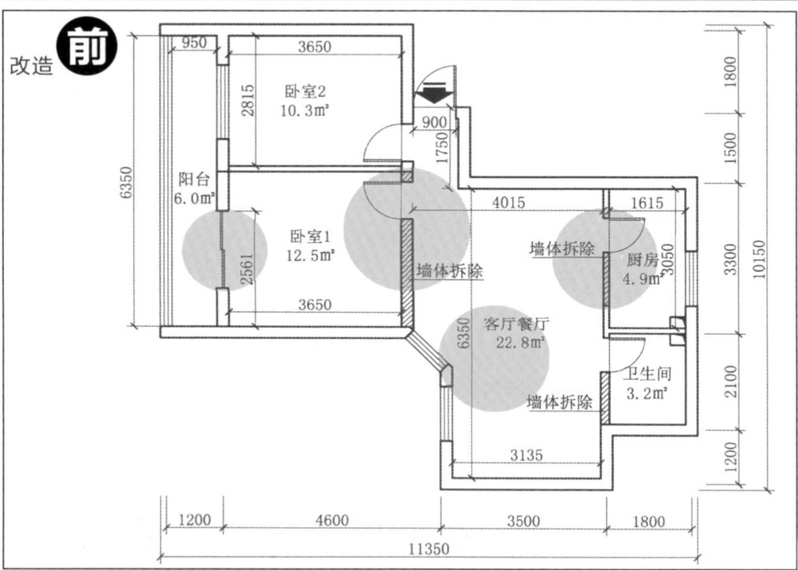

1.现实情况

建筑面积85m²，使用面积68m²，两室一厅。该户型不是方正的户型，畸零空间比较多，入门即是一条狭长的过道，不仅造成空间浪费，也给人带来不好的视觉体验。客厅分配在一个闭塞的区域，失去了客厅本应具备的大气特点。因此希望能够重新分配这些区域，使整个居室空间能得到更合理的布局。

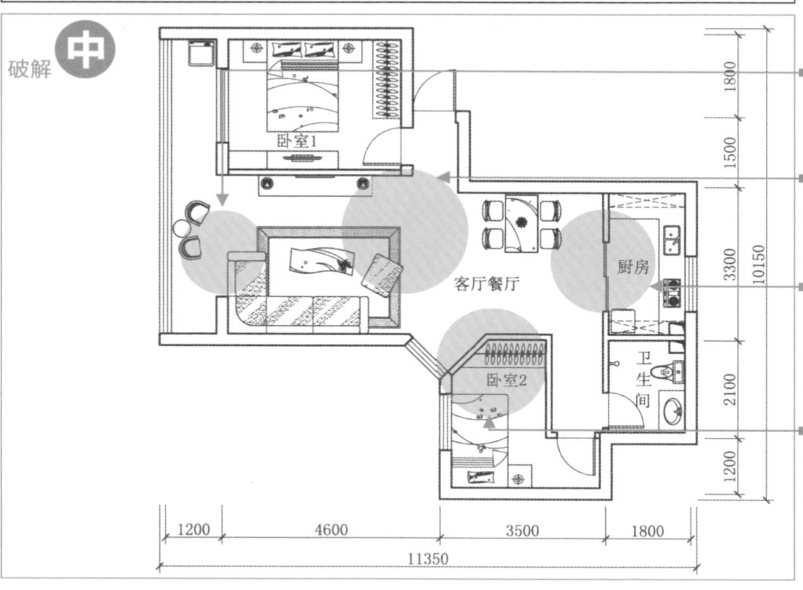

2.改造方法

(1) 拆除原卧室1与阳台间的墙体，使重新改造的客厅与阳台相连，采光更充足。

(2) 拆除卧室1与客厅间的墙体，将卧室1的空间变为客厅，消除了原来的不适感。

(3) 拆除厨房与餐厅间的墙体及单侧门，改为推拉门，打造开放式厨房，使空间具有延伸放大效果。

(4) 将原客厅改造为卧室2，薄墙砌筑，靠近卫生间的地方安装单侧门，可作为儿童房或老人房。

改造后

3.装修方法

装修风格：前卫时尚

主要材料：波纹板、铝塑板、玻化砖、方形不锈钢管、硝基漆

这套户型将原来的布局进行了一些改变，原始布局中客厅、餐厅区域的光线非常昏暗，调整后的布局中解决了光线的问题，使客厅、餐厅的光线得以改善，并且在面积上也得到了提高，显得明亮通透。

电视背景墙大面积采用波纹板装饰，中间镶嵌方形不锈钢管，粗糙与光洁形成对比。咖啡色的波纹板，与白色乳胶漆的墙面搭配，能形成良好的视觉感受。波纹板的装饰纹理很多，在选用时要与所处的环境相协调，与木质饰面板相衬映。餐厅墙面的木质边框装饰画，边框的材质与居室内的其他木质家具材质保持一致，使整个居室格调维持统一和谐。

1.31 巧用地面分区，打造丰富别样居室

户型问题	卫生间门正对客厅，显得尴尬
解决方法	重新布置卫生间开门

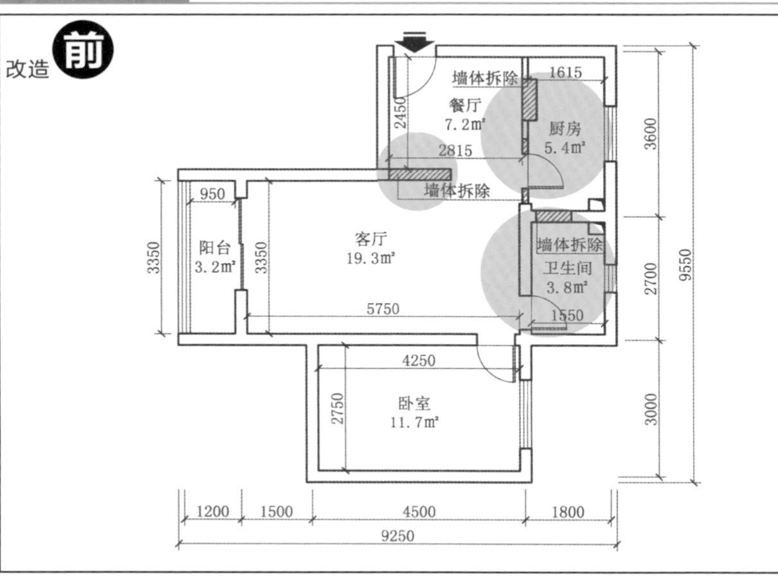

1.现实情况

建筑面积68m²，使用面积54m²，这套一居室在小户型中属于较为奢侈的户型，虽然只有一间卧室，但其他空间却很宽阔，尤其是客厅、餐厅，比较适合现代人追求自我的需求。居室主人对客厅的宽敞比较满意，但是却不满卫生间的开门正对着客厅，因此希望能化解这一尴尬。

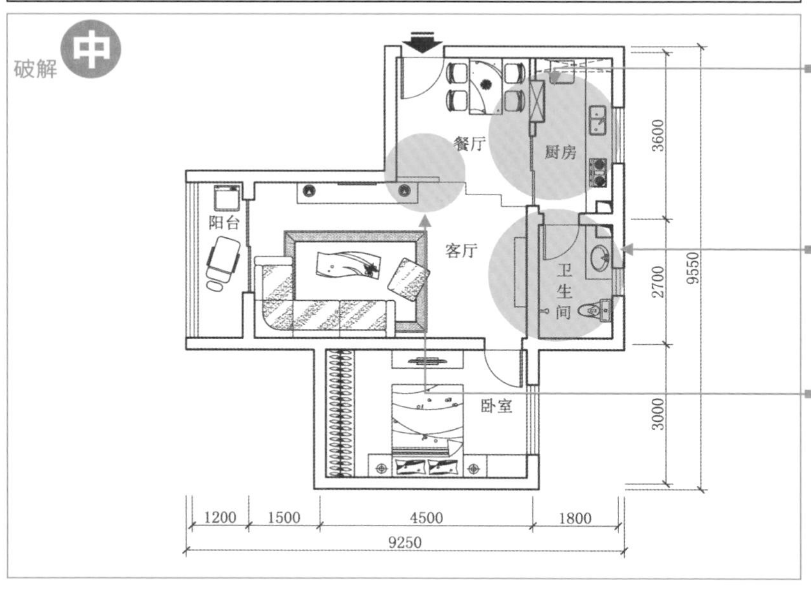

2.改造方法

（1）拆除厨房与餐厅间的部分墙体及单侧门，改为推拉门，并将部分拆除墙体的空间安放橱柜，既打造开放式厨房，又增加了收纳功能。

（2）拆除卫生间的单侧门，砌筑墙体封闭，拆除卫生间与厨房间的部分墙体，改为单侧门，避免卫生间门正对客厅。

（3）拆除餐厅与客厅间的墙体，改为冰裂纹玻璃屏风，并且以屏风为分界，形成视觉分区，丰富了整个居室的层次。

3.装修方法

装修风格：前卫时尚

主要材料：彩色乳胶漆、冰裂纹玻璃、清玻璃、玻化砖、水曲柳饰面板、复合木地板

这套宽敞的小户型将原来的布局进行了一些调整后，有效利用了空间的通透，配合各种装饰材料表现出丰富的物质生活环境。

餐厅与客厅地面之间采用曲折直线分隔为玻化砖与复合木地板两种材料，过渡自然、协调，将餐厅与客厅在视觉上进行了功能分区，既保留了空间格局的开阔感，又起到空间划分的作用。客厅主要以深咖啡系与米色为主要基调，颜色搭配使居室空间氛围高雅大气。

电视背景墙上的冰裂纹玻璃，清新的颜色及冰裂纹的质感既能点缀客厅的氛围，又能起到玄关的作用，为客厅遮挡住大门。走道边侧的装饰墙面更是设计的重点，水曲柳木质饰面板外罩一层透明玻璃，增加了木质材料的反光质地，相对单纯地涂刷聚酯清漆而言，更便于保洁，有着无法比拟的优势。同时红色与黄色的搭配，让整个居室更加温馨。

1.32 永不过时的新中式风格

户型问题	空间分割过多
解决方法	拆除多余分割墙体，打造开阔居室

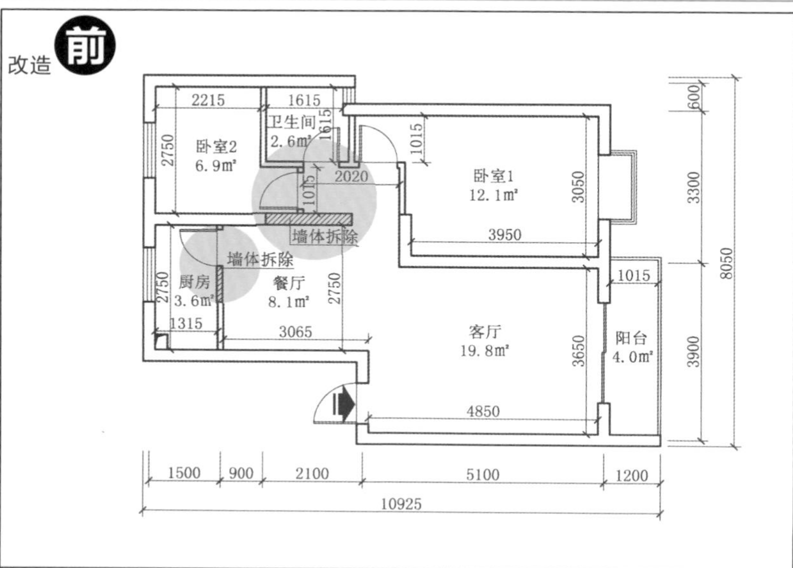

1.现实情况

建筑面积80m²，使用面积64m²，两室两厅，居室主人是一对老年夫妻，平时只有两位老人居住，两间卧室中有一间是用作客房的，使用频率不高，因此不需要太大。希望在改造上能以二老平时的起居生活舒适为基础，打造舒适自在而又不失时尚的新中式风格居室。

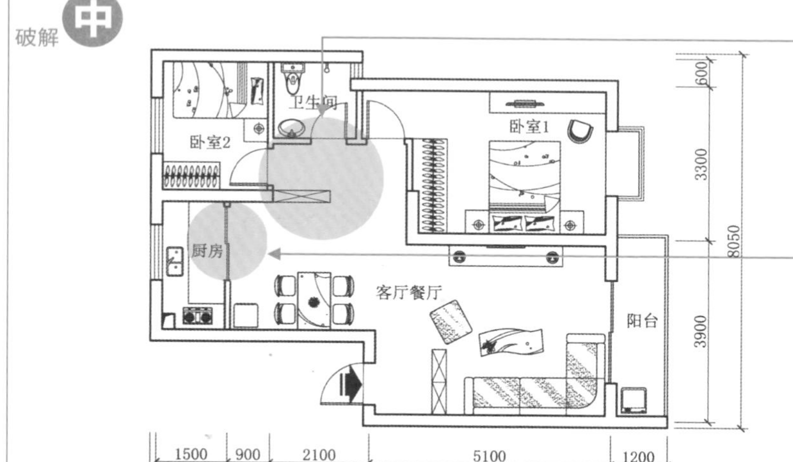

2.改造方法

（1）拆除餐厅墙体，改为装饰柜，既保留了分隔空间的作用，又具有收纳功能。同时将卧室2的开门向内设置，缩小卧室的空间，扩大走道空间，更方便老人日常生活起居。

（2）拆除厨房墙体及单侧门，改为推拉门，使居室空间的空气对流更好。

3.装修方法

装修风格：新中式

主要材料：墙纸、檀木饰面板、柚木地板

中式装修的重点在于巧妙地处理传统装饰元素在现代住宅环境中的位置。电视背景墙的装饰造型极其简单，重点在于沙发背后的窗扇造型。此外，檀木与仿麻织物墙纸是最能表现我国南方古典风格的装饰材料。

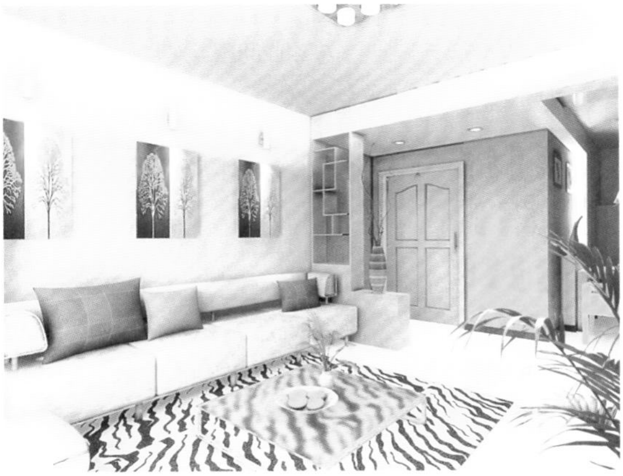

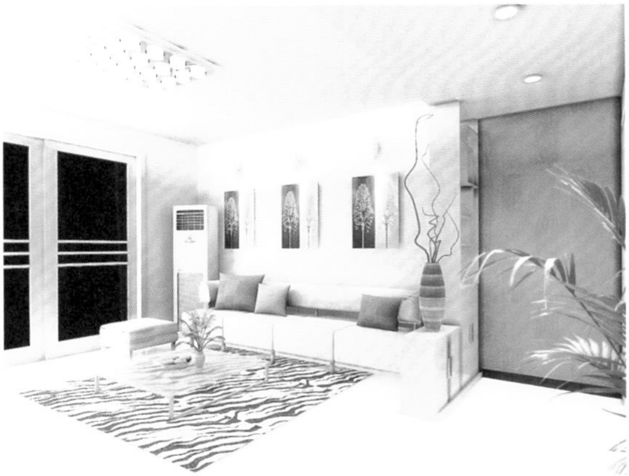

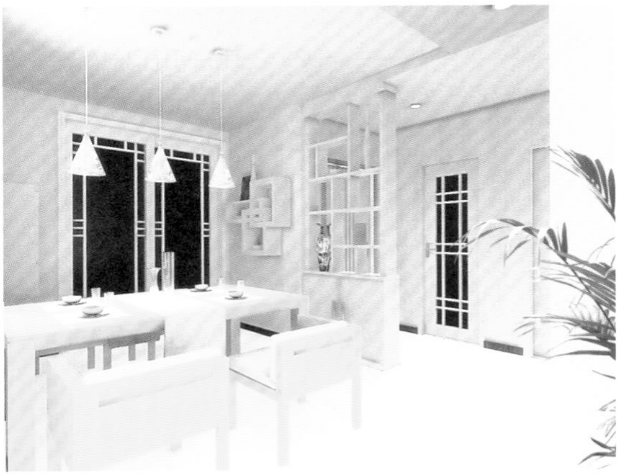

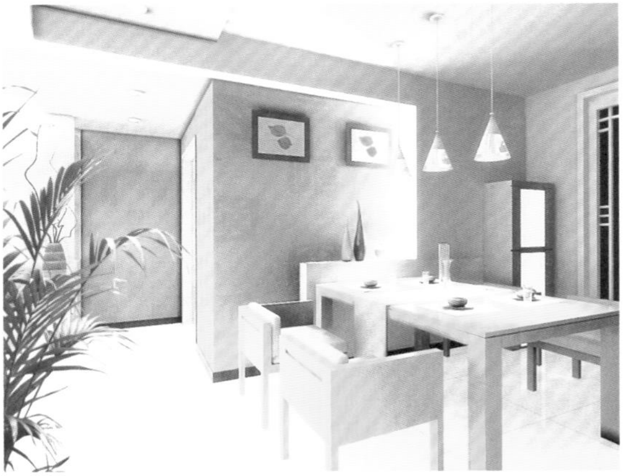

1.33 拆还是堵？百变创意打造精致生活

户型问题	空间分隔不合理
解决方法	重新分配空间布局

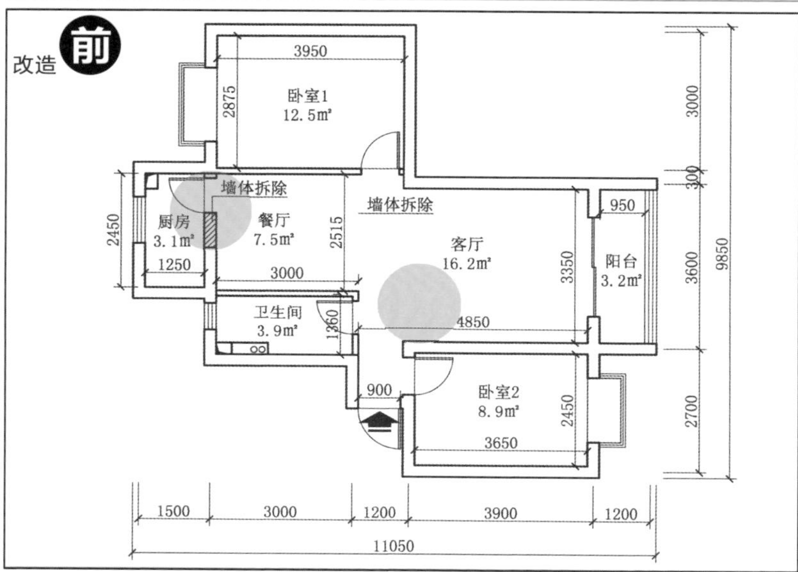

1.现实情况

建筑面积83m²，使用面积66m²，两室两厅，客厅与阳台相连，餐厅被分割为一个独立的空间，并且需要开启餐厅的单侧门进入餐厅后才能进入厨房，显得非常烦琐，卫生间的门正对着客厅，也形成一个小尴尬。因此希望通过改造，解决这些问题。

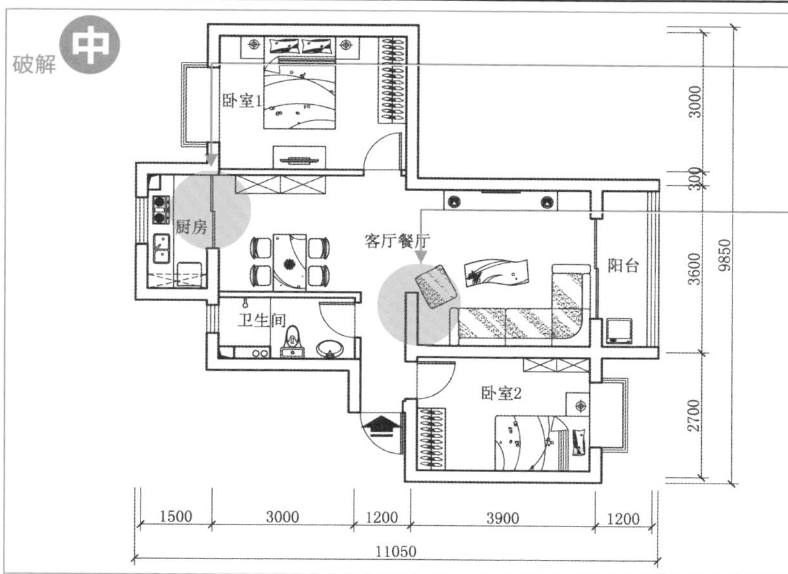

2.改造方法

（1）拆除厨房与餐厅间的墙体及单侧门，改为推拉门，让厨房、餐厅、客厅三大区域呈现出开放式格局。

（2）在卫生间开门对面砌筑薄墙，化解卫生间正对客厅的小尴尬。

3.装修方法

装修风格：现代简约

主要材料：彩色乳胶漆、白枫木饰面板、檀木饰面板、仿古砖

这套小户型的装修在用色上非常大胆，客厅背景墙采用深蓝色乳胶漆整体涂饰，与周围浅色的乳胶漆墙面及沙发、电视柜等形成强烈对比。客厅与餐厅大胆运用青色仿古砖，并与红色彩绘墙面形成对比，显得格外有生气。卫生间打破常规，墙、地面大面积采用高纯度的亮黄色仿古砖铺贴。整个居室显得艳丽夺目。

1.34 自在随心，舒适小家不简单

户型问题	入门处正对卫生间，有碍观瞻
解决方法	将卫生间并入卧室，化解尴尬

改造前

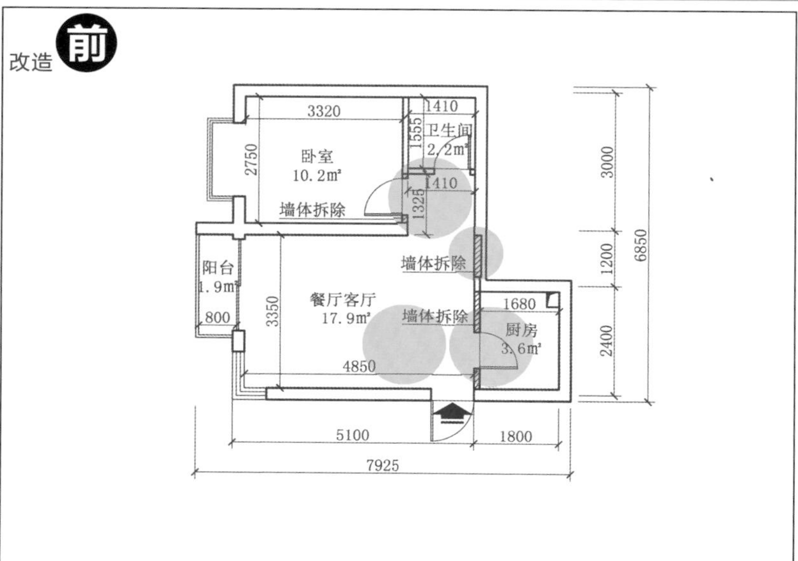

1.现实情况

建筑面积48m²，使用面积38m²，一居室公寓房，居室主人是位都市的年轻白领，讲究生活品位，追求个性。入门即见客厅及卫生间，给人带来不好的感受，因此希望在化解这些尴尬的同时，营造更为舒适自在的居家环境。

破解中

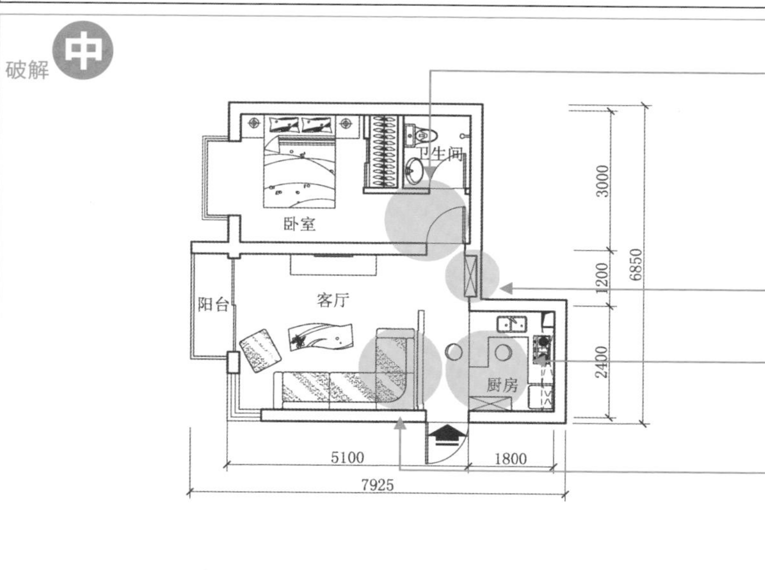

2.改造方法

（1）拆除卧室单侧门，向外延伸重新设置卧室门，将卫生间并入卧室，增加卧室活动空间的同时，化解了入门正对卫生间的尴尬，也使日常起居更为方便。

（2）在客厅走道旁墙面上凿出一部分墙体制作装饰柜。

（3）拆除厨房单侧门，将厨房与客厅区域呈现开放式格局，展现自在舒适的个性。

（4）在客厅砌筑薄墙，将入门处与客厅做区域分隔，有效地保护了个人隐私。

改造后

3.装修方法

装修风格：现代简约

主要材料：墙纸、深色玻璃镜面、黑胡桃饰面板、复合木地板

客厅主要以灰色为基调，沙发、装饰矮柜、茶几、窗帘等均为深灰色。电视背景墙上浅色的基层上配以深色图案的彩绘墙，与旁边相邻的灰色墙面形成对比与呼应的效果。进门处深色玻璃镜面的反射效果含蓄、典雅，既将居室空间进行了很好的区域分隔，反射的玻璃又在视觉上增大了空间面积，适合面积不大的客厅或餐厅，当然要注意选购带有防雾涂层的产品，能有效防止灰尘和湿气。墙纸选用细腻的质地纹理，与大气的黑胡桃和光洁的复合木地板，形成丰富的视觉效果。

1.35 爱上"会呼吸"的家

户型问题	室内空气对流效果差
解决方法	拆除部分墙体

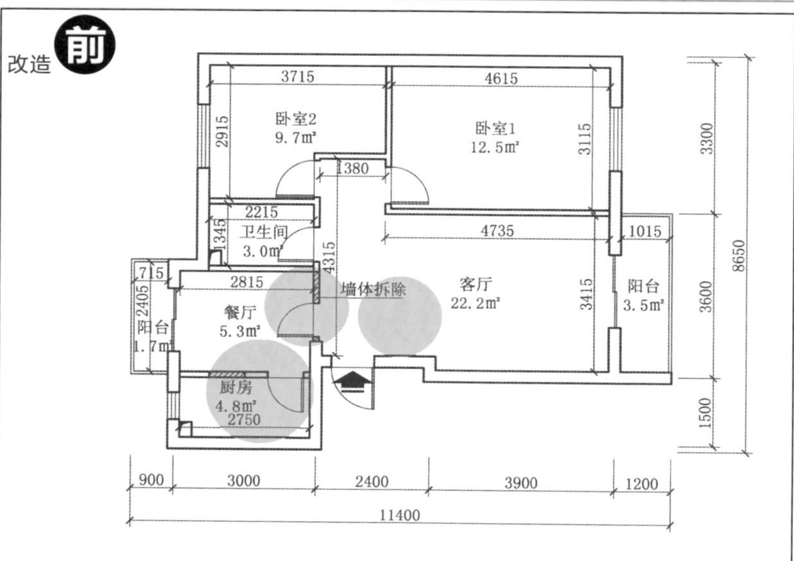

1.现实情况

建筑面积88m²，使用面积70m²，两室两厅，餐厅被分割成一个独立的空间，餐厅和厨房也以单侧开门分隔开，这种方式非常不适合现代家庭的生活习惯，并且因为这些分割，使整个居室的空气对流效果差，采光也不好。因此希望能通过改造，打造一个开阔舒适的现代居住环境。

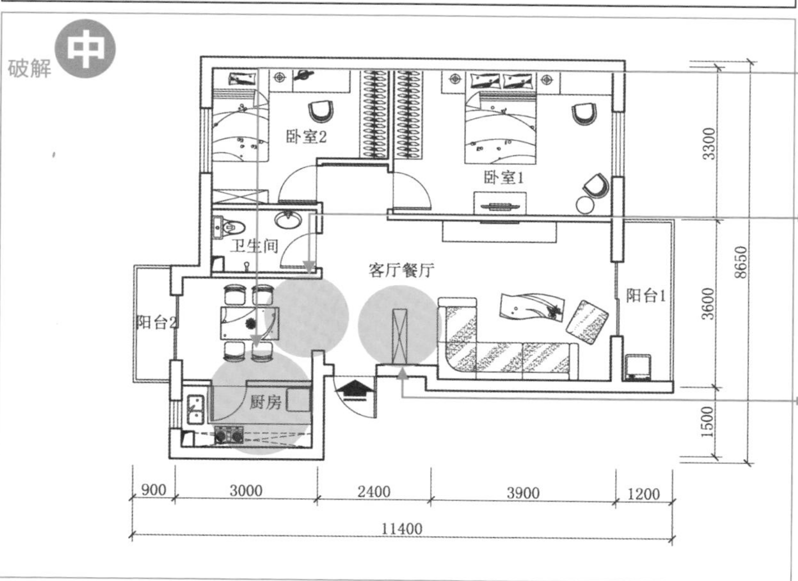

2.改造方法

（1）改变厨房的单侧门位置，不仅使餐厅空间得到更合理的利用，也更加符合人体工程学原理。

（2）拆除餐厅与客厅间的墙体与单侧门，将餐厅与客厅形成开阔的空间格局，使居室中的两个阳台方向相对，形成整个居室的空气对流。

（3）客厅设置装饰酒柜，分隔空间的同时也增加了收纳功能。

3.装修方法

装修风格：新中式

主要材料：墙纸、黑胡桃饰面板、玻化砖

这套户型将原来的布局进行了一些改变，尤其是将原来餐厅的门拆除，使餐厅与客厅形成一个整体后，瞬间增大了居室空间的开阔感。整个居室以深灰色与米色为主要用色，色彩对比鲜明，体现了中式风的简单、大气。

进门处的玄关采用我国古典隔断“罩”的装饰图样设计制作，具有浓浓的中式风。大门门扇边的侧贴花纹墙纸，含蓄高雅，凝重地体现了传统装饰韵味。所有家具均采用两种聚酯清漆涂刷，侧面为哑光漆，正面为亮光漆，丰富了家具表面的装饰效果，增添了家具的质感，也令整个居室装修显得更为大气、高贵。

1.36 两室变三室，小心机里的大学问

户型问题	缺少储藏间
解决方法	在卧室中分割一部分空间作为储藏间

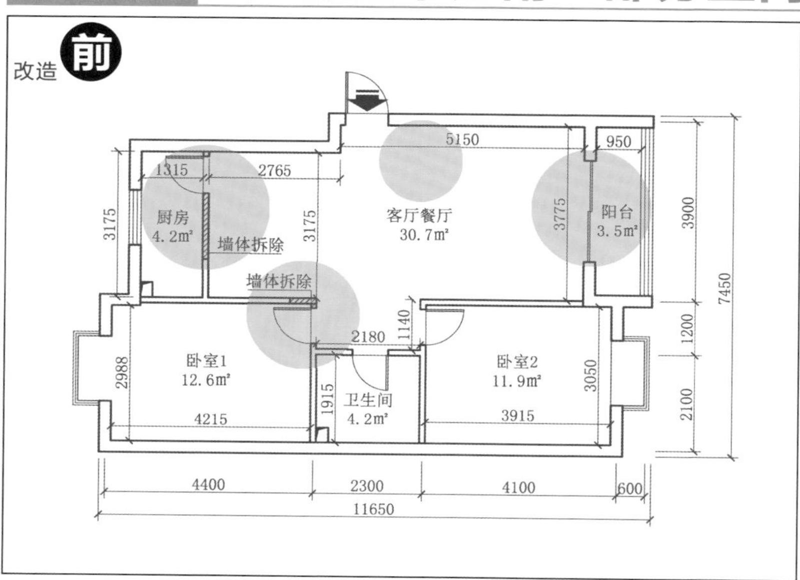

1.现实情况

建筑面积86m²，使用面积69m²，两室两厅户型，居室主人是一个三口之家。日常生活中各式各样的杂物如何存放是令每个家庭主妇头疼的问题，设置一间独立的储藏间显得尤为重要。因此，希望能在不影响各空间居住功能的前提下，合理分隔出一间储藏间。

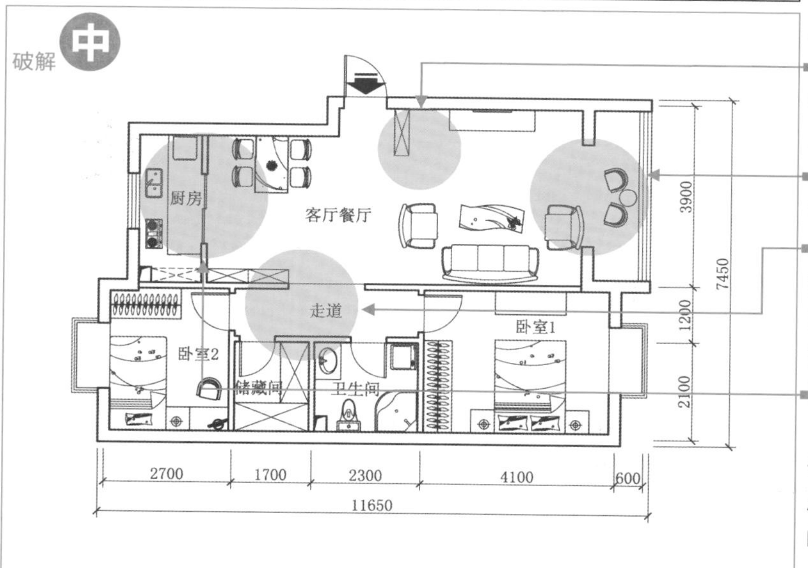

2.改造方法

（1）在入门处设置一个装饰柜，不仅起到玄关的分隔作用，而且也增加了收纳功能。

（2）拆除阳台推拉门，使空间的空气对流和采光更好。

（3）拆除原卧室1的单侧门及部分墙体，将卧室分隔成两间独立的房间，其中一间作为储藏室，不影响卧室的正常使用。

（4）拆除厨房单侧门及墙体，改为推拉门，使厨房、客厅、餐厅、阳台形成一个开放的格局，采光点形成互通。

3.装修方法

装修风格：新中式

主要材料：墙纸、调色聚酯漆、水曲柳饰面板、仿古砖、铁梨木地板

中式风格讲究线条的刚柔相济，挺而不僵、柔而不弱，这套户型的顶面吊顶上的装饰造型均遵循着这一原则，以木条相交成方格形，体现简练、质朴、典雅的东方之美。

整个居室以红色系与黄色系为主，属于最典型的中式风格用色。在家具造型上成功地采用了我国明代家具的装饰手法，将现代工艺材料加工成古典式样，沙比利饰面板外涂刷经过调和的彩色聚酯清漆，既保留了透明质地，又体现出古香古色的神韵。其他家具、装饰品也无不例外地采用了明代样式。沙发背景墙上的装饰造型，是典型的中式图案，体现了高雅、内秀的中式风。

在家装设计中选定一个合适的风格流派非常重要。风格流派决定着家装的空间分布和整体的色彩搭配，以及所有家具配饰的选择。尤其对于小户型来说，选择一个适宜的装修风格，不仅体现了主人的修养品位，更能扬长避短地使本不完美的小户型通过装修变得别具一格。

第2章

8大装修风格精准改造

2.1 纯粹的新中式

1.什么是新中式风格？

新中式风格是近年来兴起的新型装饰风格，以中国传统古典文化作为背景，通过提取传统家居的精华元素和生活符号进行合理的搭配、布局，在整体的家居设计中既保留中式家居的传统韵味，又符合现代人居住的生活特点，将古典与现代完美结合，使传统与时尚并存。

具有中国古典元素的对称图案拼接而成的屏风，中式深色家具搭配现代简约风的浅色墙面，形成独到的新中式风格。

大面积中国红结合极具中国元素的图案构成背景墙，大面积透明玻璃隔断，白色的家具及地毯铺设，使古典与时尚并存。

2.适合人群：既喜欢中国传统文化，又追求时尚的人

新中式风格是我国传统风格文化理念在当前时代背景下的演绎，是对我国当代文化充分理解基础上的现代设计。

新中式风格不是纯粹的传统元素堆砌，是以现代人的审美需求来打造富有传统韵味的事物，让传统艺术在当今社会得到合适的体现，通过中式风格的特征，表达对清雅含蓄、端庄丰华的东方式精神境界的追求，渗透了东方华夏几千年的文明，时间越久越散发出迷人的东方魅力，符合当代年轻人的审美，所以新中式装修风格越来越受到80后、90后的青睐。

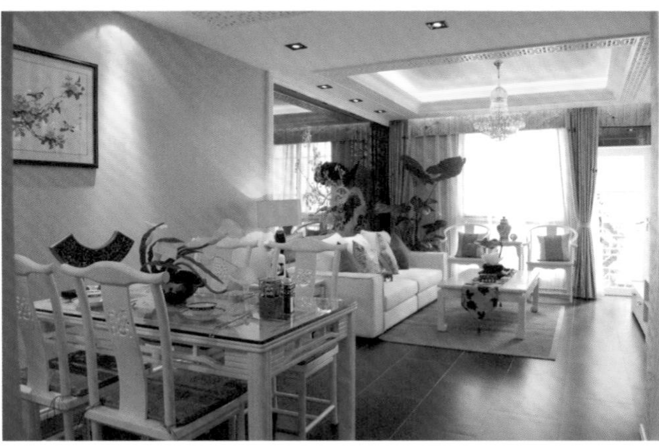

墙面、家具、灯光饱和明快的色彩，无不体现年轻人朝气蓬勃的精神面貌，而居室中家具、桌椅、椅垫、墙上挂的有框画以及桌上的饰品，无处不见中式风的身影。

◆ 我国南方的传统装修风格对现代设计影响很大，尤其是广东、福建等地的建筑手法，采用木质格栅制作的围屏是新中式风格在现代装修中运用的首选。

3.新中式风格改造特征

新中式风格非常讲究空间的层次感，依据住宅使用人数和私密程度的不同，需要做出分隔的功能性空间。在需要隔绝视线的地方，使用中式的屏风或窗棂、中式木门、工艺隔断、简约化的中式“博古架”等，通过这种新的分隔方式，单元式住宅就展现出中式家居的层次之美。再以一些简约的造型为基础，添加中式元素，使整体空间感觉更加丰富，大而不空、厚而不重，有格调又不显压抑。

家居装饰多采用简洁、硬朗的直线条，甚至可以采用板式家具与中式风格家具相搭配。直线装饰在空间中的使用，不仅反映出现代人追求简单生活的居住要求，更迎合了中式家居追求内敛、质朴的设计风格，使中式风格更加实用、更富现代感。

◆ 在墙面中央开设窗户是我国传统园林景观借景手法的一种独特运用，将室外景观引入室内，让人坐在室内就能融入大自然。

◆ 藤制家具与木质博古架搭配组合，是中式风格的典型代表，藤制座椅的舒适性与富有沧桑感的博古架形成强烈对比，配置楠木桌子与古籍等陈设品，相得益彰。

4.饰品是营造新中式风格的关键

家居室内多采用对称式的布局方式，格调高雅，造型简朴优美，色彩浓重而成熟，以黑、红色为主。中国传统室内陈设包括字画、匾幅、挂屏、盆景、瓷器、古玩、屏风、博古架等，追求一种修身养性的生活境界。中国传统室内装饰艺术的特点是总体布局对称均衡，端正稳健，而在装饰细节上崇尚自然情趣，花鸟、鱼虫等精雕细琢，富于变化，充分体现出中国传统美学精神。使用新中式装饰风格，不仅需要对传统文化谙熟于心，而且要对室内设计有所了解，还要能让二者的结合相得益彰。有些中式风格的装饰手法和饰品不能乱用，否则会弄巧成拙，甚至会贻笑大方。

具有中国山水画典型特征的花鸟图案，搭配斑驳沧桑的同色系仿古砖铺贴，形成对比鲜明又和谐统一的新中式风格的背景墙。

★小贴士

在现代家装设计中要快速融入中式古典风格可以适当选用中式家具和装饰图案。蝙蝠、鹿、鱼、鹊、梅是较常见的装饰图案。梅、兰、竹、菊等图案则是一种隐喻，借用植物的某些生态特征，赞颂人类崇高的情操与品行。

墙角的博古架，结合了檀木的古色古香和钛合金边框磨砂玻璃柜门的现代时尚感，放置各式古典气息浓重的陈列品，古典与现代的结合尽收眼底。

美轮美奂的仿古雕花瓷器，在具有现代西式风格的餐桌和摆放的餐具所形成的现代感十足的氛围中，起到了点缀的作用。

床头背景墙采用我国古代家具中常用的黄花梨制作，搭配金属射灯照明，床上具有民族风格的床品与之呼应。

5.家具搭配追求画龙点睛

在居室装饰中，可以将新中式风格的家具搭配以古典家具或将现代家具与古典家具相结合。中国古典家具以明清家具为代表，在新中式风格家具配饰上多以线条简练的明式家具为主，比较简约。中式家具主要包括案、桌、椅、床、屏风。每一件中式家具虽然只是整个家居空间的细节，但放在任何位置都能决定这个地方的气质。

经过数千年的承传，目前还可见到的中式家具，都是经过筛选后的经典，所以也就具备了极高的融合性。在现代家居空间中摆放一件中式家具能给环境增添不少稳重感，适用于有涵养的知识家庭。

沙发背景墙及室内的家具具有我国明代家具线条挺而不僵、柔而不弱的特点，整个居室的色彩以鲜明的黑色、灰色调为主，突出新中式风格色调沉稳的特点。

色彩纯净沉稳的墙面上，五个青花瓷盘以一个为中心点，其他四个分别对称在四个方向的方式布置，桌上的青花瓷花瓶正对瓷盘中间，遵循了中国传统文化中主次分明、对称有序的原则。

6.独特的饰品摆放能锦上添花

新中式风格中饰品摆放比较自由，可以是绿色植物、布艺、装饰画以及不同样式的灯具等。这些饰品可以有多种风格，但空间中的主体装饰物还是中国画、宫灯、紫砂陶等传统饰物。虽然饰品的数量不多，在空间中却能起到不可或缺的作用。

至于选择什么样的饰品因人而异，每个人对传统文化的认知度不同，因此对饰品的爱好也不同。如果对新中式饰品的选择踌躇不定，那尽可能选择一些具有实用功能的量产产品，既能点缀空间氛围，而且价格不贵，还可以随时替换。

现代感十足的居室中，墙角对称摆放的绿植，以及绿植盆上极具中国传统风格的字画，为居室悄然注入了中国风，成为点睛之笔。

2.2 永不过时的简欧风

1.什么是简欧风格？

简欧风格就是简化了的欧式装修风格，它是用现代简约的手法通过现代的材料及工艺重新演绎，营造欧式传承的浪漫、休闲、华丽、大气的氛围，是住宅别墅装修最常用的风格，近年来也被运用到小户型的居室装修中。

◉ 顶面精美的吊灯、沙发及桌柜的雕花猫脚造型，华丽中蕴含大气，构成最直观的简欧风格。

◉ 色彩鲜艳是简欧的一个重要标签，大胆地运用各种暖色调，并且协调好这些颜色的搭配，使其相得益彰。

檀木雕花的猫脚茶几上以华丽精美的丝质面料餐巾点缀，地面铺贴格子拼花的大理石，低调中饱含着奢华和尊贵。

2.简欧表现无处不在

简欧风格从简单到繁杂、从整体到局部，精雕细琢，镶花刻金都给人一丝不苟的印象。一方面保留了材质、色彩的大致风格，仍然可以很强烈地感受传统的历史痕迹与浑厚的文化底蕴，同时又摒弃了过于复杂的肌理和装饰，简化了线条。它强调线形流动的变化，将室内雕刻工艺集中在装饰和陈设艺术上，色彩华丽且用暖色调加以协调，变形的直线与曲线相互作用以及猫脚家具与装饰工艺手段的运用，构成室内华美厚重的气氛。它在形式上以浪漫主义为基础，常用大理石、华丽多彩的织物、精美的地毯，让室内显示出豪华、富丽的特点，充满强烈的动感效果。

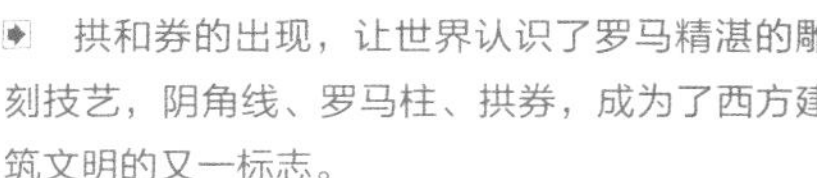

拱和券的出现，让世界认识了罗马精湛的雕刻技艺，阴角线、罗马柱、拱券，成为了西方建筑文明的又一标志。

铁艺枝灯是简欧风格所特有的表现方式之一，不仅造型别致、华美，而且照明度好，美观实用，成为整个居室空间的点睛之笔。

具有强烈金属感的壁纸与玻璃马赛克造型，烘托出浓烈的奢华感，与精美华丽的丝绸质感的床品相呼应。

大面积白色乳胶漆墙面、白色的家具、浅色花纹地砖，给居室以明快轻松的氛围。床头背景墙金色花纹的墙纸与金色边框装饰画，起到画龙点睛的效果。

3.不同需求的侧重点也不同

为日常居住，首先要考虑到日常生活的功能，不能太艺术化、太乡村化，应多一些实用性功能。而休闲性质的，则可以相对多元化一点，可以营造一种与日常居家不同的感觉。

居住型风格可以典雅一些、现代一些甚至带些小资情调，而休闲型则可以粗犷些、自然些、乡村些甚至带些原生态的味道。一定要考虑当地的气候、地理以及地域文化，内外协调，多种装修风格可以混搭，只要自然协调即可。建筑风格、小区环境与室内装饰三者风格相统一。

壁炉文化风靡欧洲数百年，成为最重要的代表西方的家庭精神文化，如今已成为一种生活方式浸润于人们的生活里，在欧式装修中有着举足轻重的意义。

占据空间内大片面积的米色沙发，质感细腻，彰显了居室主人慵懒、闲适的生活方式。

层次分明的石膏线条，为原本单调的墙面增添了丰富的质感，是简欧风格家居中必不可少的元素。

古典奢华是简欧装修的精髓，书桌、沙发、床头柜等居室内每一件物品的精雕细琢，无不彰显着奢华与高贵。

欧式风格继承了巴洛克风格中豪华、动感、多变的视觉效果，也吸取了洛可可风格中唯美、律动的细节处理元素。

4.简单几招，教你怎样在家居中体现简欧风

（1）家具与硬装修上的欧式细节应该是相称的，选择深色、带有西方复古图案以及非常西化造型的图案家具，与大的氛围和基调相和谐。

（2）墙面可以选择一些比较有特色的装饰材料来装饰房间，比如借助硅藻泥墙面装饰材料进行墙面装饰等内容的展示，就是很典型的欧式风格。当然简欧风格装修中，条纹和碎花也很常见。

（3）灯具可以选择一些外形线条简单或者光线柔和的灯，像铁艺枝灯是不错的选择，有一点造型、有一点朴拙。

（4）简欧风格装修的房间应选用线条烦琐、看上去比较厚重的装饰画框，才能与之匹配，而且并不排斥描金、雕花甚至看起来较为隆重的样子，相反，这恰恰是风格所在。

（5）简欧风格装修的底色大多采用白色、淡色为主，家具则是白色或深色都可以，但是要成系列，风格统一。同时，一些布艺的面料和质感很重要，比如丝质面料就会显得比较高贵。

（6）铁艺装饰是简欧风格里一个不可少的元素。欧式铁艺楼梯或者欧式铁艺挂钩都能给空间增添欧式风情。当然不建议使用没有花纹，线条不流畅的铁艺。优美的线条是简约欧式的必备内容。

深色的家具与浅色的墙地面形成强烈对比，体现出大气的贵族风范，餐桌顶部线条烦琐的吊顶造型是常用的细节表现方式。

条纹布艺是简欧风特有的元素，搭配精美的地毯，以及夸张夺目的铁艺枝灯，动感豪华的欧式风尽收眼底。

2.3 南亚情怀与泰式风格

1.风格形成与独特地理位置息息相关

东南亚位于亚洲东南部，是亚洲纬度最低的地区，这个区域的气候湿热，并有着繁茂的热带森林。这种自然的气候条件造就了当地人别具特色的装饰风格。而位于中南半岛中部的泰国，是东南亚诸国中经济发展最迅速的国家，也是世界闻名的旅游胜地之一，自然也有其独具特色的装饰风格。

镂空的木质雕花推拉门，既保留了材质的原色，又渲染出特有的地域文化气息，与整个居室的其他家具一起营造出原汁原味的南亚风格。

★小贴士

除非人为刷漆改变颜色，讲求绿色环保的东南亚式家具多数只是涂一层清漆作为保护，因此保留原始本色的家具难免颜色较深。这时更需注意家具的样式，明朗、大气的设计无疑是避免压抑气氛的最佳选择。与之相呼应的饰品，也应该尽量选择简单的外观，保持在中性之上的颜色。

融合西方现代气息的沙发和灯具，搭配大片色彩鲜艳夺目的背景墙，打造出现代与传统文化相得益彰的装饰风格。

鸟笼造型灯具是东南亚风格灯具的典型代表，不带一丝工业化痕迹的纯手工编造和打磨，体现出淳朴自然的味道。

金色代表着黄金，表达的是泰国人丰裕的物质生活，金色的器皿及饰品是泰式风格中最常见的亮点。

2.别具一格的南亚情怀

东南亚风格是一种结合了东南亚民族岛屿特色及精致文化品位的家居设计方式，多适宜喜欢静谧与雅致、奔放与脱俗的装修业主。

由于炎热、潮湿的气候带来丰富的植物资源，在东南亚风格的装饰中，家居所用的材料大多直接取自自然，广泛地运用木材和其他的天然原材料，如藤条、竹子、石材、青铜和黄铜等。

柚木制框搭配藤条编织的镂空隔断，与桌上椰果材质的小饰品，其色泽纹理有着人工无法达到的自然美感，符合时下人们追求健康环保、人性化及个性化的价值理念。

有着热带雨林之称的东南亚地区，雨量充沛，热量稳定，是竹子生长的理想生态环境，镂空的门将室外的竹林引入室内，让人身在室内，却仿佛置身于大自然中。

棕色系的家具保存了原始的纯天然材质的本来颜色，不加任何多余修饰的造型，呈现了材质的原始木纹。

3.取材天然、原汁原味的南亚风家具

东南亚风情崇尚自然、原汁原味，大多采用橡木、柚木、杉木制作家具，主要以藤、木的原色调为主。在色泽上保持自然材质的原色调，其大多为褐色等深色系，在视觉感受上有泥土的质朴；在工艺上注重手工工艺，以纯手工编织或打磨为主，完全不带一丝工业化的痕迹，淳朴的味道尤其浓厚，颇为符合时下人们追求健康环保、人性化以及个性化的价值理念。

东南亚家具在设计上逐渐融合西方的现代概念和亚洲的传统文化，通过不同的材料和色调搭配，令东南亚家具设计在保留了自身的特色之余，产生更加丰富多彩的变化，尤其是融入中国特色的东南亚家具，重视细节装饰的设计，越来越受到人们的欢迎。

咖啡系的家具搭配浅色调的墙面的南亚风格中，融入了中式风格的木制格栅围屏，将南亚风格与中式风格完美结合。

带有浓郁宗教情结的装饰品，是东南亚风格所特有的元素。

4.精美饰品衬托独特品质

在饰品搭配上，经常可以看到的是最醒目的大红色的东南亚经典漆器，金色、红色的脸谱，金属材质的灯饰，如铜制的莲蓬灯、手工敲制出具有粗糙肌理的铜片吊灯，这些都是最具民族特色的点缀，能让空间散发出浓浓的异域气息，同时也可以让空间禅味十足，静谧而投射哲理。

墙面雕刻的金属质感强烈的装饰，充满地域特色的图案，具有浓郁的异域气息。

褐色的落地窗帘，散发着自然古朴的泥土气息，与居室内浅色的壁纸与地毯形成强烈对比，非但不显得突兀，反而使气氛更和谐。

5.布艺装饰点亮南亚风

各种各样色彩艳丽的布艺装饰是东南亚家具的最佳搭档，用布艺装饰适当点缀能避免家具的单调气息，令气氛活跃。在布艺色调的选用上，南亚风情标志性的炫色系列多为深色系，且在光线下会变色，沉稳中透着贵气。此外，抱枕也是最佳选择，还可以将绣花鞋、圆扇等饰品挂置在墙面上，能立即突显东南亚生活的闲情逸致。

丝质面料的沙发和沙发垫，彰显奢华，将现代气息注入传统居室装饰中，成为南亚风格新时尚。

辉煌绚丽的墙体，金色的地面，整个空间充斥着金色系，高调夸张，是泰式装修中很受追捧的代表风格。

6.轻松带你读懂泰式风格

处于亚热带地区的泰国，盛产的水果广销很多国家及地区，像水果一样鲜艳的色彩是泰式装修风格的一贯作风。泰式装修风格，很多都运用了浓烈的色彩，体现了当地人性格的豪放与热情。

泰式装饰的饰品多以器皿为主，比较温和，典型的色系是泰式的经典，运用金色比较多。图案花样都很民族和古典，鲜艳的颜色，镂空的门窗，柳藤的椅子，极具当地民族气息。

在南亚家居中最抢眼的装饰要属泰抱枕，艳丽的泰抱枕，是沙发或床最好的装饰，跟原色系的家具相衬，香艳的越发香艳，沧桑的愈加沧桑。

手工雕刻的装饰墙线，图案讲究对称，是泰式风格的特征之一。色彩艳丽具有地域文化气息的抱枕，成为居室的点睛之笔。

2.4 日式风格的创新

1.什么是日式风格?

日式风格起源于中国唐朝，盛唐时期，鉴真大师东渡，将中国的文化传播到了日本，此后日本文化所能体现的各个方面与中国都有着极其相似的地方。

➧ 仕女图是我国晚唐时期的代表文化之一，这一传统文化被日本一直沿用至今，墙上的仕女图仿佛将人带入了晚唐盛世。

★小贴士

在设计和式榻榻米的高度时，要结合房子的层高以及需要的储物空间高度来决定。一般比较常用的榻榻米地台高度是400mm，如果房间低于2.7m，那么榻榻米不可以超过400mm，不然人在上面活动就会觉得比较压抑。

➧ 忍术是日本古代武道中的一种，最初是由中国武术传到日本后逐步发展起来的日本特殊武功，沿袭至今已成为一种淡然、无争的生活态度。

不论是柜体、榻榻米垫子，还是窗帘，都保留了材料最原始的面目，给人返璞归真的感受。

2.和式风格的传统与现代创新

传统的和式风格秉承日本传统美学中对原始形态的推崇，注重与大自然相融合，将自然界的材质大量运用于装修装饰中，不推崇豪华奢侈、金碧辉煌，以淡雅节制、深邃禅意为境界，重视实际功能。原封不动地表露出水泥表面、木材质地、金属板格或饰面，着意显示素材的本来面目，加以精密的打磨，表现出素材的独特肌理，这种过滤的空间效果具有冷静的、光滑的视觉表层性，却牵动人们的情思，使城市中人潜在的怀旧、怀乡、回归自然的情绪得到补偿。

现代创新的和式风格家居崇尚简约，通常以朴实的原木色家具为主，亦非常注重实用性。强调自然色彩的沉静和造型线条的简洁，注重与大自然融为一体，借用外在自然景色，为室内带来无限生机，选用材料上也特别讲究自然质感，以便与大自然亲切交流，其乐融融。

墙面竖向摆放的几根不加修饰的竹子造型，简单而不失雅趣，宽敞透明的窗户将窗外的自然景观引入室内，让人坐在室内就能融入大自然。

这间和式风格的卧室中没有过多的细节装饰，整个居室色调比较单一，显得格外的干净利索，但又不失温馨和谐。

米黄色是和式风格居室中的最常用色，虽然没有绚丽多彩的颜色装饰，但米色、亮黄、姜黄、棕黄等层次丰富的黄色，看似简洁而不单调。

3.空间分隔井然有序

和式设计风格直接受日本和式建筑影响，讲究空间的流动与分隔，流动则为一室，分隔则分几个功能空间，空间中总能让人静静地思考，禅意无穷。和式风格的空间意识极强，形成“小、精、巧”的模式，利用檐、龛空间，创造特定的幽柔润泽的光影。在强调空间形态及物体单纯和抽象化的同时还必须重视空间各物体的相关性，即物与物之间的关系。和式风格的另一特点是屋、院通透，人与自然统一，注重利用走道吊顶制作出回廊、挑檐的装饰形态，使家居空间更加敞亮、自由。

利用吊顶的分隔，将空间进行功能分区，既让空间得到最大化运用，又让原本不大的空间显得通透、宽敞。

卧室与其他空间形成开敞式格局，利用走道吊顶在视觉上进行分隔，体现了和式风格追求舒适、实用的宗旨。

沙发边的树木装饰，将自然界的材质稍做简单处理，搬到室内作为装饰，是和式风格家居的独到之处，宣扬的是一种节制、禅意的境界。

柔和温暖的黄色系一直是和式装修中的常用色，尤其适合小户型装修，能在视觉上拉伸空间距离感，使居室有放大效果，顶部的天井不仅加强了室内的通风和采光，更为居室增添了独特的自然气息。

4.和式风格的典型特征

一般日本居民的住所，客厅、餐厅等对外部分是使用沙发、椅子等现代家具的西室，卧室等对内部分则是使用榻榻米、灰砂墙、杉板、糊纸格子拉门等传统家具的和室。“和西并用”的生活方式为绝大多数人所接受，而全西式或全和式都很少见。和式家居装修中，散发着稻草香味的榻榻米，营造出朦胧氛围的半透明樟子纸，以及自然感强的天井，贯穿在整个房间的设计布局中，而天然材质是日式装修中最具特点的部分。

日本传统风格的造型元素简约、干练，色彩平和，家具陈设以茶几为中心，墙面上使用木质构件制作方格形状，并与细方格木推拉门、窗相呼应，空间气氛朴素、文雅柔和，以米黄、白等浅色为主。明晰的线条、纯净的壁画都极富文化内涵，尤其是采用卷轴字画、悬挂的宫灯、纸伞做造景，使家居格调更加简朴高雅。和式室内设计中色彩多偏重于原木色，以及竹、藤、麻和其他天然材料颜色，形成朴素的自然风格。

榻榻米是和式风格的典型代表之一，不仅有会客、用餐的功能，在小居室中，它还能充当休闲娱乐及床的功能，大大提高了居室的空间利用率。

保留着木材原色的家具及装饰构件，看似简单的方格造型的推拉门，搭配室内颇具现代感的配饰品，将传统与现代风格融为一体。

5.和式风格在我国的应用

和式家居空间由格子推拉门扇与榻榻米组成，最重要的特点是自然性，常以木、竹、树皮、草、泥土、石等材料作为主要装饰，既讲究材质的选用和结构的合理性，又充分地展示天然材质之美。木造部分只单纯地刨出木料的本色，再以镀金或铜的用具加以装饰，体现人与自然的融合，室内家具小巧单一，尺度低矮，隔断以平方格造型的推拉门为主。建议在铺地板之前，在地上先打龙骨，使之与地面有一定的距离，起到防潮的作用。在我国家居装修中，局部空间使用日式传统风格设计会别有一番情趣，可以将现代工艺、技法应用到和式风格装饰造型中。在设计中要考虑到家庭成员的习惯，尤其是席地而坐的生活方式并不适合每一个人。

客厅低矮的沙发及茶几等家具，是和式风格的又一特色，这种风格的受欢迎度因人而异，见仁见智，因此，在装修前应考虑自己能否接受，理性地选择。

2.5 追逐波西米亚风

蓝色与白色的搭配，给人一种纯净、高贵的感受，仿佛置身于浩瀚的海洋或是在天空中自由翱翔。这种配色非常适合小户型，能瞬间提升空间的开阔感。

1.什么是波西米亚？

波西米亚原意是指豪放的吉卜赛人和颓废派的文化人，这类人在浪迹天涯的旅途中形成了一种自己的生活哲学。波西米亚是自由洒脱、热情奔放的代名词，代表着一种浪漫化、民俗化和自由化，在总体上给人的感觉像是靠近毕加索的晦涩的抽象画和斑驳陈旧的中世纪宗教油画，它代表着一种艺术家的气质，一种时尚的潮流和一种反传统的生活模式。

墙面不规则的木质线条装饰，体现的是抽象派风格，搭配纯白色的墙面底色，对比强烈，清晰明了，简单中透着不俗的艺术感。

2.耳目一新的波西米亚风格装修

许多女性都为波西米亚风格的服饰狂热过，那种自然、大气、无拘无束的长裙，像是对服装界的一次改革。而波西米亚风格的装修在装修界中，也是让人耳目一新。

波西米亚风格装修设计以奢华的另类、个性的高贵著称。简洁随性，自由时尚，是波西米亚风格装修的一个极其重要的特色，提倡自由和放荡不羁，浓烈的色彩让波西米亚风格的装修给人强烈的视觉冲击力。

这套家居选用亮黄色作为墙面色彩，地面仿古砖及家具表面选用的是不同纯度的黄色系，搭配协调。蓝白相间的沙发及座椅，与大片的黄色系，使整个居室显得鲜艳夺目，大气时尚。

橱柜和地面以墨绿色为主色调，墙面菱形的小块仿古砖，色彩缤纷，热情奔放，为整个空间增添满满的活力，为点睛之笔。

这间儿童房色彩简单明了，主要是蓝色、白色及棕色的搭配，色彩纯净简洁，给人一种充满幻想、烂漫童真的感觉。

这间卧室属自然古朴的波西米亚风格，灰褐亚麻面料的布艺，室内大叶绿植与大叶植物造型的吊扇相呼应，适合追求古朴简洁的现代人居住。

3.自由回归是波西米亚风格的灵魂

波西米亚风格就像它本身所代表的感情一样，注重简洁随意，崇尚自由，以单纯休闲为主，因此在装饰上多采用镂空花纹，并喜欢以绿植来点缀，藤制家具更是其经常所用的元素。单纯、休闲、植物、藤椅、镂空等元素是波西米亚风格装修的直接体现。

在波西米亚风格的装修中，摒弃了现代装饰风格明亮柔和的色调，略带陈旧的味道反而成为最大特色。不管是家具还是家饰都带有浓厚的陈旧感，有一种回归自然之感，即便没有华丽的外表，同样具有优雅的形态，以原始的状态向人们展示了蓬勃的生命。泛白的布饰、灰朴的陶器，让整体居家空间呈现独到气质，当一切强调回归自然，质朴复古反而更贴近生活原味，让最原始的生命力能蓬勃展现。具体体现为单纯、休闲，绿色植物，藤编的餐椅，镂空的装饰，典雅舒适，木制家具多保留木质本身的天然纹路并加以涂刷光泽型涂料，窗帘面料以自然界中的花朵、配色自然的条纹或纯净的白纱为主，款式简洁，自然清新。

木质家具保留着天然的纹路与颜色，背景墙铺贴的具有田园风格的墙纸与之相呼应，体现一种自然、优雅的居室氛围。

具有风俗风格花纹的墙面砖，圆弧形态的拱门，饱含地域文化的装饰品，古朴自然的吊顶造型，表现出一种前所未有的浪漫化、民俗化和自由化。

半透明纱质帷幔在波西米亚风格中常常被用到，它表现的是一种浪漫、神秘、唯美的情怀。在小户型改造装修中，适当运用帷幔做装饰，能起到点睛之笔的作用。

绚彩夺目是波西米亚灯具的典型特征，表达的是一种奢华的另类、个性的高贵。非常符合现代年轻人的审美要求。

温暖高调的黄色系是波西米亚装修中常常用到的颜色，米黄、浅黄、亮黄、土黄、棕黄等各种不同纯度的黄色系充斥着整个居室，却一点不显得杂乱，反而非常和谐，相得益彰。

4.波西米西风格在居室中的具体表现

波西米亚风格元素可以用丰富多彩四个字形容，应该归功于吉卜赛人在流浪中善于收集当地特色的做法。其特点是很鲜艳的手工装饰及比较粗犷和厚重的面料。层叠蕾丝、蜡染印花、皮质流苏、手工细绳结、刺绣和珠串，这些都是波希米亚风格的经典元素。以单纯休闲为主，因此在装饰上多采用镂空花纹，并喜欢以绿植来点缀，藤制家具更是其经常所用的元素。不管是来源于印度的亮片、彩石，还是来源于俄罗斯的小花边和皱褶，还有流苏和坠饰，都体现了波西米亚风格装修极强的包容性。

不论是暗灰、深蓝、黑色、大红、橘红、玫瑰红，还是网络上风行一时的“玫瑰灰”，都是波西米亚风格的装修基色，它主要表现于崇尚自由的精神和追逐财富的理想，因此被概括为有一定经济基础的小资情调。波西米亚风格的重要元素就是仿古砖、故意作旧的木艺和陶土制品。波西米亚风格装饰画也是这般，没有华丽的装饰、摆脱细致优雅的线条，让最原始的生命力能蓬勃展现。

深蓝色是波西米亚风格装修的基本颜色，与白色的纱质窗帘，营造出一种神秘、浪漫的氛围。室内搭配独具韵味的小装饰品，异域气息扑面而来。

2.6 美式乡村田园格调

体积庞大、坚固厚实、色调沉稳的沙发，能提升客厅的庄重、豪华质感，颇具贵族风范。适合在家中会客频率较高的业主选择。

1.美式乡村田园风格的起源

美式乡村田园风格主要起源于十八世纪各地拓荒者居住的房子，具有刻苦创新的开垦精神。它倡导的是一种自在、随意不羁的生活方式，没有太多造作的修饰与约束，不经意中也成就了另一种休闲式的浪漫。美国文化又是一个移植文化为主导的脉络，它有着欧罗巴的奢侈与贵气，又结合了美洲大陆这块水土的不羁，这样结合的结果是剔除了羁绊，但又能找寻文化根基的怀旧、贵气加大气而又不失自在与随意的风格。

皮质的沙发很寻常，但皮质的床单却很少见，这也正体现了美式生活中豪放、不羁的一面。窗户上方的皮质装饰帘与床遥相呼应。

2.弃繁从简的美式乡村田园格调

美式乡村田园风格在古典中带有一点随意，摒弃了烦琐，有务实、规范、成熟的特点。在美学上推崇自然、结合自然，力求表现悠闲、舒畅、自然的田园生活情趣。兼具古典主义的优美造型与新古典主义的功能配备，既简洁明快，又温暖舒适。主要采用天然木、石、土、绿色植物进行穿插搭配，所表现的效果清新淡雅、舒畅悠闲，受到很多业主的喜爱，原因在于人们对高品位生活向往的同时又对复古思潮有所怀念。特别是在墙面色彩选择上，自然、怀旧、散发着浓郁泥土芬芳的色彩是美式乡村风格的典型特征。美式乡村风格的色彩以自然色调为主，绿色、土褐色最为常见；壁纸多为纯纸浆质地；家具颜色多仿旧漆，式样厚重；设计中多有地中海样式的拱。

这间卧室将窗帘、床与墙面的颜色均以同色系的淡绿色处理，清新明快，宽大的窗户将室外风景引入室内，让人仿佛置身于大自然的怀抱。

卧室作为主人的私密空间，主要以功能性和实用舒适为考虑的重点，一般不设顶灯，多用温馨柔软的成套布艺来装点。

清新明快的色彩搭配，让居室显得明快亮丽，具有自然的田园气息。根据自己的生活习惯而布置家具，实用而随意，让生活更轻松自在。

红橡木制作的家具拥有自然清晰的纹理，质地坚硬，耐磨耐腐蚀，是美式装修中使用频率非常高的家具材料。

3.独具特色的家具

美式乡村田园风格的家具是将许多欧洲贵族的家具平民化，有着简化的线条、粗犷的体积、自然的材质、较为含蓄保守的色彩及造型，家具中随意涂鸦的花卉图案为主流特色，线条随意但注重干净干练。它所讲求的是一种切身体验，是人们从家具上所感受到的那份日出而作、日落而息的宁静与闲适。每一件家具都透着阳光、青草、露珠的自然味道。美式家具的材质以白橡木、红橡木、桃花心木或樱桃木为主，线条简单，保有木材原始的纹理和质感。另外，美式乡村风格的家具通常都带有浓烈的大自然韵味，且在细节的雕琢上匠心独具，如优美的床头曲线、床头床尾的柱头及床头柜的弯腿等。

墙裙是美式乡村田园风格的特征之一，这间卧室中采用经典的黑白格图案做墙裙，与墙面及地面以及家具的浅色形成强烈对比，使整个卧室给人一种清晰明了的感觉。

如果说厚重、朴实是美式家具给人的第一印象，那么在细节上的精雕细琢就是它的内涵所在。在小户型改造装修中，这种既实用又精致美观的家具是非常不错的选择。

在床尾放置一个装饰桌是个非常独特的创意，既不影响正常的起居生活，又给卧室增添了一处功能区域。在小户型中可以根据自己的喜好及习惯考虑增加这样一个装饰桌。

将厨房与餐厅打通，形成一个开放式的空间，既能增加采光度，又能提升空间的宽阔感，在小户型装修中是非常好的方法。

4.美式生活的厨房与餐厅设计

厨房在美国人眼里都是开放的，同时需要具备一个便餐台在厨房的一隅，还要具备功能强大而又简单耐用的厨具设备。需要有容纳双开门冰箱的宽敞位置，还要有足够方便的操作台面。在装饰上美式乡村田园风格也很讲究，比如喜好仿古的墙砖，橱具门板喜好实木门扇或白色模压门扇，另外厨房的窗户也喜欢配置窗帘等。

餐厅基本上都与厨房相连，厨房的面积较大，操作方便、功能强大。在与餐厅相对的厨房的另一侧，一般都有一个不太大的便餐区，厨房的多功能性还体现在家庭内部成员多在这里进行交流，这两个区域会同起居室连成一个大区域，成为家庭生活的重心。

厨房与餐厅之间以一个长形的吧台隔开，吧台可以当作平时简餐的餐桌，可以当作传菜区，也可以作为下午茶的休憩区，适合年轻人的生活方式。

盆栽在居室装修中有着非常重要的作用，布置得当的绿植盆栽不仅能改善室内的空气质量，还能影响整个居室的格调。

5.锦上添花的布艺及配饰

布艺是美式乡村田园风格中非常重要的运用元素，带着浓浓的乡村气息，以享受为最高原则。在面料、沙发的皮质上，强调它的舒适度，感觉起来宽松柔软，本色的棉麻是主流，布艺的天然感与乡村风格能很好地协调。各种繁复的花卉植物、靓丽的异域风情和鲜活的鸟虫鱼图案很受欢迎，舒适而随意。美式乡村田园风格的配饰丰富多样，摇椅、小碎花布、野花盆栽、田间稻草、水果、磁盘、铁艺制品等都是空间中常用的东西。

美式吊扇灯以其简单实用，注重品质而备受青睐，吊扇灯简洁的外形，平衡了略显烦琐的吊顶造型。在小户型改造装修中，利用配饰来平衡整个空间氛围的方式，可以让小户型在丰富空间感的同时又不显烦琐。

2.7 诠释工业风格的含义

1.工业风格的起源及进化

工业风格是近现代比较流行的装修风格之一，大多数使用在工作空间中，家庭空间中也可以使用。这种居住方式最先起源于美国纽约，当时，艺术家与设计师们利用废弃的工业厂房，从中分隔出居住、工作、社交、娱乐、收藏等各种空间，在浩大的厂房里，他们创造各种生活方式，创作行为艺术，或者办作品展，淋漓酣畅，快意人生。在二十世纪后期，工业风格和后现代主义完美碰撞的艺术，逐渐演化成为了一种时尚的居住与工作方式，并且在全球广为流传。

我国经济迅猛发展的同时，带来了新的工作与居住方式的转变。尤其是在创业初期的许多年轻人，将居室装修成工业风格设计形式，具有商住两用的功能，将居室与工作场所合二为一，在高房价的今天，不仅可以省时省钱，而且能彰显自己的个性。因此在这种新时代背景下，工业风格成为了一种新的潮流。

以传统的眼光很难看出图中究竟是用来居住的空间还是办公的空间，墙顶裸露在外的管线，看似不加任何装饰的墙面，都透着浓浓的工业风格。

在墙面铺贴类似于水泥颜色及质感的大理石，渲染出原始粗犷的氛围，却又保留现代生活的精致品质，是工业风格常用的装饰手法。

★小贴士

一提到工业风格，大概很多人脑海里浮现的画面都是水泥地板，裸露的柱子和电线，错综复杂的水管，涂抹随意、不均匀的水泥墙，风格粗犷，不修边幅。的确，裸露原始空间是工业风格非常明显的特色，但是各种管道错综复杂，不加修饰、随心所欲地买回家，可就不是工业风格了哦。要打造工业风格居家时，应在体现工业特色的同时遵循视觉美感和整体协调的原则，才能给人带来完美的视觉享受。

上下双层的复式结构，使居室下层的空间高大而开敞。这种空间布局级适合现在非常普遍的SOHO一族，将楼下宽阔的空间作为工作区，楼上私密性好的空间当作生活区。

2.结构主义的空间特点及要求

工业风格的内涵是高大而敞开的空间，因此对空间的高度有一定要求，这种户型通常是小户型，高举架，面积在30～50m^2，层高在3.6～5.2m。户型虽然在销售时是按一层的建筑面积计算，但实际使用面积却可达到销售面积的近2倍。高层空间变化丰富，可以打造出具有流动性、开放性、透明性、艺术性等特征的工业风格。

工业风格的空间有非常大的灵活性，人们可以随心所欲地创造自己梦想中的家、梦想中的生活，丝毫不会被已有的机构或构件所制约。人们可以让空间完全开放，也可以对其分割，从而使它蕴含个性化的审美情趣。从此，粗糙的柱壁，灰暗的水泥地面，裸露的钢结构已经不再是旧仓库的代名词。工作和居住不必分离，可以发生在同一个大空间中，工作区和居住区之间出现了部分重叠。生活方式使居者即使在繁华的都市中，也仍然能感受到身处郊野时那样不羁的自由。

将裸露的砖墙仅仅只是简单喷涂上一层白色乳胶漆，砖的轮廓依然清晰可见，钢结构的楼梯也没有做过多装饰，保留着原始的简单形态，整体协调统一。

深灰色给人太过冷酷的感受，选择少量多彩绚丽的玻璃马赛克来点缀、映衬空间，再布置上一些暖色调的家具，也可以给空间带来不一样的随性风格，值得借鉴。

将顶部空间高的区域作为会客等公共功能空间，有效利用了房屋的结构优势，开敞的空间给人通透感，能在视觉上延伸空间的尺度。

3.个性化设计打造个性化的工业风

工业风格的家装设计比较直观，是种大胆奔放的装饰设计风格，却有着很多其他设计风格无法具备的特点，它是将传统概念中的家居空间塑造成集生产、办公与居住为一体的空间，增加家居生活的灵活性。室内尽量避免太多的隔间，保证空间的开阔和挑高，给人居家随性的感觉。除了私密空间，大空间基本上只是以家具简单划分区域。另外，通过灯光划分功能区域也是常用的一种设计手法，如区分出居住、工作、社交、娱乐、收藏等各种空间的灯光，在保留了原本的简陋装饰的同时，又增加了家居装饰的时尚元素。而空间的开阔，自然让家居的布置更加地随心所欲，让家居更加随性，工业风格的创意装饰就是这样打造出来的。

看似开放的空间，其实是有效利用了顶部的吊顶及灯光，将空间分隔为几个不同的功能区，各个功能区既能独立又能和谐统一。

餐饮区与客厅之间以矮柜隔离，既不影响整个空间的流动性，又最大化合理利用了空间。这种布局方式非常适合小户型改造装修。

粗犷的地面，保留着自然纹路的木构造，开阔的空间，让人有一种随心所欲的自由。裸露的墙体，似乎在等着自己哪一天兴起，酒后胡乱一抹。

将衣柜镶嵌在墙体内，并且在衣柜底部用裸露的红色砖体装饰，柜门也不做任何过多的装饰，涂饰与墙面颜色接近的面漆，简单随性。

4.家具及配饰相得益彰

在工业风格中，家具的选用没有特殊要求，多用具有创意性的家具和具有工业特性的家具，如用废旧铸铁暖气片制成的桌椅、断裂不锈钢管制成的搁物架等，使旧工业设施和用具成为新时代家居生活的必备物品，并给室内环境带来粗犷、原始的工业气息。体现工业感的家具一般具有超大的尺寸和储藏空间，方便再次改造利用。

工业风格常用玻璃、砖石、水泥、金属、木材等装饰材料相互搭配，形成强烈的质感对比，如用不锈钢与人造皮革相搭配，或用玻璃与石材相搭配。它们高度吸引人的注意力，同时又产生一种干净利落的效果。工业风格的空间可以非常开敞、高大，还可以十分狭小，重点是一定要自由、流动，具有灵活性和创新性，如设计出房中房的效果。在工业风格家居空间中，隔墙可以设计成移动结构，增加移动推拉门，使各个房间或功能区域之间形成分隔的效果，从而在瞬间改变空间感。

在保留室内原有空间的开阔、粗犷感的基础上，搭配上一些自己喜爱的艺术品、画作，细腻精致的艺术与空间形成强烈的冲突，能给居家空间带来浓郁的人文气息。

没有欧式家具精雕细琢的精致，也没有波西米亚配饰的绚丽多彩，简单直接是工业风格家居和配饰的精髓。

黑色的餐桌椅与墙面的黑色画框相呼应，给人一种稳重、质朴的感觉，同时又不乏小资情调。

2.8 在简约里配混搭

1.简约不等于简单

简约风格，顾名思义，就是让所有的细节看上去都是非常简洁的。简约风格的装修，就是让空间看上去非常简洁，大气。然而，简约不等于简单，装饰的部位要少，但是在颜色和布局上、在装修材料的选择配搭上需要费很大的劲，这是一种境界，不是普通设计师能够设计出来的。简约就是简单而有品位，这种品位体现在设计上的细节的把握，每一个细小的局部和装饰，都要经过深思熟虑。在施工上更要求精工细作，是一种不容易达到的效果。

现代人面临着城市的喧嚣和污染，激烈的竞争压力，还有忙碌的工作和紧张的生活。因而，更加向往清新自然、随意轻松的居室环境。越来越多的都市人开始摒弃繁缛豪华的装修，力求拥有一种自然简约的居室空间。无疑，现代简约的装修风格迎合了年轻人的口味。

背景墙一般是客厅中最醒目的部分，客厅背景墙遵循中式风格对称原则，与中式图案的地毯相呼应。顶面的吊顶灯选择的是欧式吊灯，属于简约风格里的中西合璧。

简欧风格的猫脚茶几与桌椅及色彩亮丽的丝质面料沙发相得益彰。沙发背景墙上的花鸟图案装饰画又属于美式田园风格。将这两种风格穿插糅合在一起，通过整体色调的协调搭配，使空间和谐统一。

▶ 采用中式风格木质雕花隔断，与中式餐桌相呼应。沙发及沙发上的抱枕是典型的南亚风格。茶几及茶几上的烛台属于日式风格。每种风格既独立存在又通过材质及色彩的统一，使它们之间有共通点。

2.简约风格设计手法

简约并不是缺乏设计，它是一种更高层次的创作境界。用简约的手法进行室内创作，它更需要设计师具有较高的设计素养与实践经验，需要设计师深入生活、反复思考、仔细推敲、精心提炼，运用最少的设计语言，表达出最深的设计内涵，以简洁的表现形式来满足人们对空间环境那种感性的、本能的和理性的需求，删繁就简，去伪存真，以色彩的高度凝练和造型的极度简洁，在满足功能需要的前提下，将空间、人及物进行合理精致的组合，用最洗练的笔触，描绘出最丰富动人的空间效果，是设计艺术的最高境界。

▶ 简洁淡雅是日式风格的精髓，客厅中米色麻质的沙发属于日式风格。而色彩绚丽的沙发背景墙及吊灯又是来自波西米亚风格的元素。电视机旁的根雕及青花瓷的盆栽，属于中式风格的装饰配件。

▲ 这间卧室的装修是以泰式风格为主，美式风格为点缀。金碧辉煌的墙面装饰及床上、沙发上的布艺都属于泰式风格，而家具则是厚重、朴实的美式风格家具。

▲ 橡木制作的家具、床头造型及实木地板，墙面铺贴绚丽辉煌的墙纸等，都透着浓浓的东南亚风。顶面悬吊着的水晶枝灯则是欧式灯具的一种。

在简欧风格中加以日式风格相点缀，深色系的衣柜与铁艺枝灯、台灯都属于简欧风格，搭配原木色的日式矮桌椅与沙发。

3.简约风格的具体运用

简洁与实用是现代简约风格的基本特点，因此在装修中着重考虑空间的组织与功能区的划分，强调用最简洁的手段来划分空间。一般室内墙面、地面、顶棚及家具陈设，乃至灯具器皿等均以简洁的造型、纯洁的质地、精细的工艺为其特征。尽可能不用装饰和取消多余的东西，强调形式应更多地服务于功能。室内常选用简洁的工业产品，家具和日用品多采用直线。此外，大量使用钢化玻璃、不锈钢等新型材料作为辅材，由于线条简单、装饰元素少，现代风格家具需要完美的软装配合，才能显示出美感。例如沙发需要靠垫，餐桌需要餐桌布，床需要窗帘和床品陪衬，软装到位是现代风格的关键。

客厅中的沙发及地面仿古砖等都属于美式乡村田园风格。而桌上的台灯与沙发背景墙的装饰画则属于日式风格。两种清新的风格结合在一起，让人感觉身心舒畅。

美式家具外形厚重朴实，舒适实用。在这间客厅里，沙发与餐桌椅及餐具都具有典型的美式风格特征。客厅内摆放着的佛像装饰物，则透着浓浓的日式风的禅意。

4.混搭元素的融合

就像服装混搭风格一样，混搭风格装修是集合了现今各种装修风格于一体的装修，是当今最普及的一种装修风格。它糅合东西方美学精华元素，将古今文化内涵完美结合，充分利用空间形式与材料，创造出个性化的家居环境。混搭并不是简单地把各种风格的元素放在一起做加法，而是把它们有主有次地组合在一起。混搭得是否成功，关键看是否和谐。

波西米亚风格的吊灯以其绚丽夺目的造型与颜色而深受人们喜爱，它与造型中规中矩的中式风格的深色博古酒柜搭配在一起，形成鲜明的对比，却并不突兀。

透着自然气息的亚麻面料沙发，圆弧的拱门造型，都是波西米亚风格的特征。而居室的顶部采用的是欧式风格的吊顶与餐厅吊灯。两种风格完美结合，相辅相成。

5.混搭设计原则

混搭的这种折中而个性的气质塑造并不是可以简单地进行组合，它是建立在一定的文化修养上的。想要打造和谐的简约与混搭相结合的风格，要注意原则：主调需明朗，混搭之初最关键的工作就是要确定基调或抓住一个主题。如果是第一次尝试混搭风格，最好除了定好主调以外，再适当搭配一种或两种风格即可，而且这两种风格之间的差异不要太大。这样，失败的概率就会降到最低。如果超过3种以上的风格混搭，对整体和谐形成挑战。如果色彩太多，原本比较复杂的家具配饰在色彩选择上更要慎重，以免整体混乱。配饰不需太杂，要遵循精当的原则，尽量使摆件和主色调搭配。

这间卧室是非常典型的“中西合璧”风格，欧式雕花造型的梳妆台及烦琐精致的台灯，还有宽大的皮质床头靠背，而床上的提花丝质面料床罩与地上大红色花朵图案的地毯等都具有中式风格最醒目的特征。

具有浓郁民族气息的仕女图案装饰画，日式禅意茶几等，似乎这是一间日式风格的居室。然而乌木制作的具有明代家具特征的沙发椅，却在不知不觉中将传统的中国文化气息融入了居室。

厚实柔软、细节部位有精致雕花的皮质沙发是欧式风格家具的典型特征。裸露着砖体轮廓的墙体透着工业风。而宽叶盆景及竹子图案的玻璃隔断则又具有东南亚风格的韵味。

软装饰是指装修完毕之后，利用那些易更换、易变动位置的饰物与家具，对室内做二次陈设与布置。它作为可移动的装修，更能体现主人的品位，是营造家居氛围的点睛之笔。它打破了传统的装修行业界限，将工艺品、纺织品、收藏品、灯具、花艺、植物等进行重新组合，形成一个新的理念。

第3章

10项创意软装搭配公式

3.1 沙发＋茶几，革新这对永恒不变的搭档

在家居装饰中，沙发和茶几是形影不离的一对搭档，在家居中起着非常重要的作用，尤其是客厅中不可或缺的装饰家具。随着现代住宅户型的多样化，以及人们对生活品质要求的个性化，传统的沙发与茶几的组合已经不能满足人们的需求，新的组合方式已经成为满足不同人群需求的流行趋势。

1.沙发与茶几布置要因地制宜

沙发与茶几的组合在家居空间中占据着相当的面积，一般占客厅空间面积一半左右。不同的户型布局，其沙发与茶几的选购及摆放也是不尽相同的。小客厅里放大沙发与茶几，会显得喧宾夺主；面积较宽敞的客厅里摆放小沙发与茶几，则会显得无足轻重。因此，较大空间的客厅里，一般选择转角沙发或组合沙发，深暗色系的木质茶几，搭配较高的边几作为功能性兼装饰性的小茶几，为空间增添更多趣味和变化。而在比较小的客厅里，可以选择双人沙发或三人沙发，摆放椭圆形等造型柔和的茶几，或者是瘦长的、可移动的简约茶几，而流线型和简约型的茶几能让空间显得轻松而没有局促感。

不同造型与材质的沙发组合，能丰富空间层次，适合较大的客厅。

造型简洁的双人沙发与实用的茶几，适合面积有限的客厅，最大限度使用空间的同时，不造成客厅的繁冗感。

真皮面料加布艺面料与实木相结合的沙发，搭配同种实木材质的茶几，使整体感觉和谐统一。

平绒面料的沙发，给人柔和舒适的质感，与人造石材质茶几原始粗犷的质感，形成强烈对比，丰富了整个空间的层次感。

2.理智选择沙发与茶几材质

沙发种类繁多，按面料一般分为人造革面料、细帆布面料、灯芯绒和平绒面料、沙发布面料、丝绒面料、真皮面料等。而茶几按材质一般分为全实木茶几、实木＋大理石茶几、实木＋铁艺茶几、藤编茶几、全人造板茶几、人造板＋钢化玻璃茶几、不锈钢＋大理石茶几、不锈钢＋钢化玻璃茶几、不锈钢＋人造板茶几、玻璃茶几、皮艺茶几等。

面对这些令人眼花缭乱的不同材质，消费者在选择时应根据自己的实际需要及消费能力，选择最实用最适合自己的沙发和茶几进行搭配。

3.合理搭配才能与家居风格统一

很多人在购买沙发和茶几的时候，只是看到家居卖场里摆放得好看，却没有考虑到与自己家的装修风格搭配是否和谐，因此，有时明明自己很喜欢的沙发和茶几，放在客厅后总觉得格格不入，却又不知道究竟是哪里不对。

其实，这是因为所选择的沙发和茶几与你的装修风格不搭，才会显得突兀。不同风格的沙发与茶几只有与适合它的装修风格相搭配，才能起到锦上添花的效果。如体积庞大、坚固厚实的皮质沙发和实木茶几一般在美式风格中被用到；布艺沙发和玻璃茶几在现代风格中运用得比较多；保留着原始纹路的实木沙发与茶几在日式风格、南亚风格及田园风格中常常被用到；丝质面料沙发是南亚风格的特色之一；猫脚茶几是欧式风格独有的特色。

提花布艺与实木雕花的沙发，搭配造型简洁的明式实木茶几，是典型的中式风格家具，与居室的整体装修风格形成完美统一。

客厅中的沙发与茶几不论在风格上，还是色彩上，都与客厅中其他装饰元素保持一致，是最典型的欧式风格。

3.2 餐桌+椅，全新用途方便实在

良好的就餐环境不仅能给人带来温馨舒畅的心情，并且能增强人们的食欲。而在餐厅中对就餐环境起着决定性作用的莫过于餐桌和餐椅了，美观舒适的餐桌椅，是餐厅里最亮丽的那道风景。

1.餐桌椅的选择应符合实际需求

文化对就餐方式的影响集中体现在就餐家具上，中餐是围绕一个中心共食，这种方式决定了我国多选择正方形与圆形的餐桌；西餐的分散自选方式决定了选用长方形或椭圆形的餐桌。为了赶时髦，图好看而使用长方形大餐桌并不一定能满足真正的生活需要。因此，我们在选择餐桌椅时，应根据自己的生活习惯与实际需要，根据餐厅的形状大小与进餐人数来决定餐桌椅的形状大小与数量。圆形餐桌能够在最小的面积范围容纳最多的人，方形或长方形餐桌比较容易与空间结合，折叠或推拉餐桌能灵活地适应多种需求。

圆形餐桌在使用上更为灵活，可以根据就餐人数来增减椅子数量，占地面积更为紧凑，适合家中常有客人的小户型。

长方形餐桌适合面积相对比较宽敞的餐厅，是现代西式生活的特征之一，时尚气息浓厚。

欧式风格的家具注重外形的奢华及细节部位的精雕细琢，图中欧式的餐桌椅与居室内其他装饰部分的风格和谐一致。

带着浓厚民族气息的南亚风格装修，体现自然淳朴味道的餐桌椅，在选材及造型上没有过多的雕饰，保留着大自然原始的味道。

2.风格搭配有讲究

餐厅家具的选配原则应根据装修的风格、颜色、房间的大小及装修的档次来进行，尽量与整体环境的格调一致，切忌东拼西凑。布置上要把握风格统一、配套的原则。现代简约风格的餐厅一般选择玻璃餐桌，并配以线条简洁的桌椅，现代感十足。古典风格的餐厅最好搭配仿古家具，如红木色餐桌椅，古朴而又浪漫。东南亚风格的餐厅可采用原木餐桌、藤制餐椅，使就餐显得更加随意。

3.不同材质的餐桌椅呈现不一样的韵味

现代餐厅的餐桌椅在不同材料的采用与款式设计上也充分迎合了现代家庭的需求。普通玻璃或钢化玻璃、弯曲玻璃的餐桌，搭配金属或木质餐椅，对于与家居环境中简约、明快的装修风格相配套的要求来说是再合适不过。而木质或石材台面的餐桌呈现的是庄重与高雅。餐椅的选择应与餐桌相互呼应。现代餐椅主要有木质、金属配皮两种材质。在近年的家具流行风潮中，又出现了在金属内架上包附绒布面料的餐椅，且布料主要以动感的花纹和绚丽的色彩为特点，将现代与时尚之风在餐厅环境中演绎得更为淋漓尽致。

亚克力因其表面光洁度好，色彩丰富艳丽，易擦洗保养，并且重量只有玻璃的一半，常被用在家具制作中。亚克力与不锈钢管制作的餐椅，与实木餐桌搭配，简约时尚。

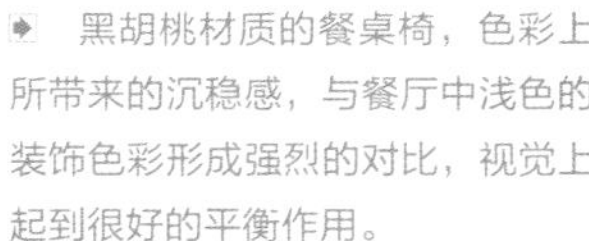

黑胡桃材质的餐桌椅，色彩上所带来的沉稳感，与餐厅中浅色的装饰色彩形成强烈的对比，视觉上起到很好的平衡作用。

3.3 床+床头柜，多功能使用方法

卧室的主角无疑是床，所以床的选择十分重要。人们往往要在确定了床的基调基础上选择其他家具与其相配。而买床时必定要搭配床头柜，它的材质、造型、大小一定要和床相匹配，注意床头柜的高度不要超过床垫表面，否则容易碰头。

1.卧室空间大小决定床和床头柜的选择布置

对于目前越来越受人们喜爱的超标准大床，联邦家私的专业设计人员认为，如果卧室的空间足够大，挑选各种尺寸的床都没有什么问题，但如果仅仅是十平方米左右的小卧室，配上大床就会显得非常拥挤。对于大卧室来说，可以选择足够宽大的床和双侧床头柜。将床头贴墙布置，三面临空，以方便夫妻两边上床就寝，也便于整理床铺。床头两边分别布置床头柜，这样既实用又美观。而小卧室则可以将床靠墙或背靠角落布置，这样就可以充分利用空间，在有限的面积中留出足够的活动地方，同时只选择一个床头柜，让另一个床头柜和梳妆台合二为一，既不失实用性，又有效利用了空间。

在面积相对宽敞的卧室中，床尾可以留有足够的空间作为室内通行的走道。

将床靠墙放置，最大化利用了空间，床与柜体连为一体，能增加卧室的收纳能力和美化效果。

色彩丰艳丽的纱缦将居于卧室正中心的床装扮得别具一格，成为整个卧室的亮点。

2.床的摆放方式有讲究

床头的位置不宜安排在门对面，以免影响休息和破坏私密性。在小户型装修中，将床靠着墙边摆放可以将卧室空间最大化利用起来，墙边可以贴壁纸或软木装饰。床体可以放在地台上，显得更有档次，床尾处最好留条走道，能方便上、下床。卧室里剩余的空间就可以随心所欲了，大体量衣柜、梳妆台、书桌、电视柜可以依照自己的喜好进行摆放。

另外，现代医学研究表明，人睡眠的最佳方向是头朝南，脚朝北。这样人体的经络、气血与地球的磁力线平行，有助于人体各系统的新陈代谢，有催眠效果。反之，如果头东脚西，人体方向与地球磁力线方向相垂直，则容易产生较强的生物电流，可能会对有些人的睡眠产生不利影响。

3.床头柜的革新

一直以来，床头柜都是卧室家具中的小角色，经常是一左一右陪伴，衬托着床。作为床头柜，它的功用主要是收纳一些日常用品，放置床头灯。如今，随着床的变化和个性化壁灯的设计，设计感越来越强的床头柜正逐渐崭露头角，如：加长型抽屉式收纳床头柜，它带有左右并列四个抽屉，可以移动位置，能够放不少物品；可移动的抽屉式床头柜，它配有脚轮，移动非常方便，一些不愿意离身太远的细小物件可以放在里面；单层抽屉床头柜，既可以陈列饰品，收纳能力也不错，而且根据实际需要，还能摇身一变成为小电视柜。同时，床头柜的范畴也在逐步扩大，一些小巧的茶几、桌子摇身一变也成为床头的新风景。

这间卧室中的床头柜，上面两层安装抽屉，最下层用镂空的隔板代替，满足了个性化的需求。

床头柜上摆放的床头灯应与整个卧室的风格保持一致，在颜色上也应该能起到平衡整个卧室空间色彩的作用。

3.4 窗帘＋墙面，搭配起来风情万种

窗帘的主要功能是遮光并保护隐私，但是在家居装修中也充当了重要角色。在家居装饰中，不同图案花纹、不同材质的窗帘搭配风格各异的墙面，能以独特的造型、绚丽的色彩来烘托整个家居氛围，强调空间的装饰风格等。

1.窗帘在不同空间中的应用

一般小面积房间的窗帘应以比较简洁的式样为好，以免使空间因为窗帘的繁杂而显得更为窄小。而对于大空间，则宜采用比较大方气派、精致的式样。窗帘的宽度尺寸，一般以两侧比窗户各宽出100mm左右为宜。窗帘底部应视窗帘式样而定，短款窗帘也应长于窗台底线200mm左右为宜，落地窗帘一般应距地面100mm左右。

卧室窗帘应与客厅窗帘有所不同。在卧室中窗帘的布置主要是创造一个安静幽雅的气氛，一般可在窗帘中加一层遮光布衬。而客厅宜选色调中性偏暖、华丽的垂幕帘，主要是加强装饰性。书房可选色调中性偏淡的窗帘加饰一道帘绳或帘结，显得雅致一点。老人的卧室中，家具若为中式风格，宜用花纹朴实的，如直条或带有民间图案特色的暗花窗帘。新婚卧室最好选择色彩鲜艳、图案新颖、花形偏大或带有抽象图案的窗帘。儿童卧室的窗帘可选择充满童趣、色彩缤纷的卡通图案窗帘。

在窗户面积相对较大的客厅，使用半透明、质感柔和的分段式窗帘，能让客厅显得大气优雅。

丰富的色彩与图案让空间层次更多彩，窗帘款式与沙发相呼应，使整个空间和谐统一。

色彩丰艳丽的纱缦将居于卧室正中心的床装扮得温馨舒适，成为整个卧室的亮点。

2.窗帘的颜色、图案选择

如果墙壁、家具为白色、淡奶黄色、淡绿色、粉红色，那么窗帘的颜色应在同色系的基础上加深，取乳黄色、浅棕色、中绿色、湖蓝色、淡紫红色。中式家具应配花形简单、清爽的图案，比如简单的竖条、横条、方块等几何图形或传统风格的梅、兰、竹、菊等清爽悦目的图案；新颖的组合家具宜配花卉图案、较夸张的几何图案或新颖别致的风景图案等。室内如使用白光灯，窗帘的颜色可深些；如使用暖黄灯，窗帘的颜色就不宜太深。一般底层房间朝向室外的窗户可以采用纵向或双幅窗帘，白天可拉上下层窗帘，既避免干扰视线，又有采光，到了夜晚即可全部拉上。北方气候较冷，宜选深色；南方气候温暖，适用中性色。春秋季以中性色为宜，夏季以白色、玉色、天蓝较佳，冬天用紫红、咖啡等色较合适。朝北或朝西的房间宜用暖色调的窗帘，朝东或朝南的房间宜用冷色调的窗帘。

3.窗帘种类及面料

目前市面上的窗帘大致可分为以下几种：

（1）百叶窗帘。百叶窗帘有水平与垂直两种，水平百叶窗帘由横向板条组成，只要稍微改变一下板条的旋转角度，就能改变采光与通风。垂直百叶窗帘可以用铝合金、麻丝织物等制成。百叶窗帘适用于书房、娱乐室，或用于室内玻璃隔墙旁。

（2）卷筒窗帘。卷筒窗帘的特点是不占空间、简洁素雅、开关自如，适用于面积较小的卧室或儿童房，可以采用不透光的暗幕型织物。

（3）折叠窗帘。适用于窗户面积较大的客厅、餐厅、卧室，当窗帘完全开启后仍会有一部分遮挡住窗户，可以在窗前增设灯光来补充照明。

（4）垂挂窗帘。垂挂窗帘的组成最复杂，由窗帘轨道、装饰性帘杆、挂帘楣幔、窗帘、吊件、窗帘缨束、配饰五金件等组成。垂挂窗帘适用于卧室、书房中的落地窗，楣幔与大尺寸窗帘形成丰富的对比层次，能体现出温馨的家居氛围。

窗帘的面料有麻织物、毛织物、涤纶、锦纶、腈纶、粘胶纤维等，每一种面料各有其特性，应根据自己的需求及房间的风格来选择。

双层窗帘可以根据需要使用，白天的时候使用单层窗帘，在不影响室内采光的同时又能起到一定的保护隐私的作用，还能增加室内装饰的效果。

百叶窗帘可以自由调节采光与通风，非常适合用于大面积的空间中，使用起来既方便又能增加空间的通透感。

3.5 线帘+屏风，增加小户型的层次感

具有丰富色彩变化与使用功能的线帘，以它那种千丝万缕的数量感和若隐若现的朦胧感，点缀于家居的区间分隔之处，为整个居室营造出一种浪漫的氛围。屏风原是作为中国传统建筑物内部挡风用的一种家具而出现的。随着时代的进步，现代家居中的屏风集分隔、挡风、协调、美化等作用于一体，成为中式家居装饰中不可分割的一部分，而呈现出一种和谐之美、宁静之美。

1.按材质和工艺划分

线帘按材质可分为羽毛线帘、花朵线帘、多色线帘、扁银线帘、彩银线帘、爱心提花线帘、金银丝线帘、单色线帘等；按工艺可分为穿杆，子母贴、魔术贴，挂钩，打孔，轨道布五种。屏风有漆艺屏风、木雕屏风、石材屏风、绢素屏风、云母屏风、玻璃屏风、琉璃屏风、竹藤屏风、金属屏风、嵌珐琅屏风、嵌磁片屏风、不锈钢屏风等。不同工艺制作的屏风各有千秋，玉石镶嵌类层次清晰，玲珑剔透；金漆彩绘类色彩艳丽，灿如锦绣；雕填戗金类线条流畅，富丽堂皇；刻灰润彩类刀锋犀利，气韵浑厚。其中的大类漆艺屏风，一般以松木为胎骨，木性稳定，不易开裂走形。有些高档屏风屏面为髹漆雕画，边框为紫檀、花梨等高档木材。

穿杆的单色线帘给人简洁优雅的感觉。在卧室与卫生间之间安装线帘可以起到遮掩分隔作用，为空间增添一份神秘的气氛。

屏风与家具采用同样的木质，风格上也保持一致的中式古典风格，使空间的整体感强烈。

将线帘作为电视机背景墙的一部分，不仅在视觉上起到分隔空间的作用，而且新颖时尚，成为客厅的一道亮丽的风景。

2.线帘的选购要点

床线帘尤其适合小居室空间中使用，作为空间的隔屏，可以避免实体隔墙所带来的厚重感，不占空间且穿透性好。线帘的装饰效果明显，但它的质量非常重要，质量不佳的线帘使用后会起细毛边，反而会破坏空间的美感。因此要挑选质量好的线帘，不要贪图一时便宜。优质的线帘具备外观匀称、重量轻、好整理、穿透性强、色彩鲜亮、色牢度高、洗后不褪色、垂感好等特点。线帘在定型前一般规格为：宽3m，高3m。但是线帘在定型时会有一定的损耗，因此，成品的宽度和高度一般都在2.8～3.0m。

3.屏风的选购应根据居室的整体风格而定

屏风作为一种灵活的空间元素、装饰元素和设计元素，具有实用和艺术欣赏两方面的功能，能通过自身形状、色彩、质地、图案等特质融于丰富多元的现代空间环境，传达着新中式的意味，演绎出中国传统文化韵味，把你带入情境之中。尽管屏风不再局限于某些固定功能、形式和摆放位置，但每个特定的环境都会有特定的设计要求，所以放置屏风应在充分了解空间的基础上再做出规划。如果居室的风格颇具古典气息，可以选择山水名画、宗教神话、历史典故等内容的屏风；若居室风格现代感较强，则可以选择一些现代画作、抽象图案、时尚元素等内容的屏风。

梅兰竹菊是中国文化中的花中四君子，在中式风格中，这种屏风与居室中其他的元素相得益彰。

镂空雕花的屏风，其图案与电视机背景墙的图案相呼应，使空间整体协调统一。

3.6 地毯＋抱枕，局部铺点的小秘密

在家居装修后期的配饰中，地毯和抱枕起着画龙点睛的作用，尤其是在客厅，搭配得恰到好处的地毯和抱枕，能快速提升客厅的档次，为进入居室的客人留下最初美好的印象。地毯和抱枕是一对相呼应的陈设品，调动了软装饰品的点缀核心。

1.地毯与抱枕相得益彰

地毯和抱枕都是家居装修中必不可少也是最为重要的软装饰之一。地毯除了时尚美观，还具有质地柔软、弹性好，耐脏、不怕踩、不褪色、不变形等优点，尤其是它还具有吸尘的能力，当灰尘落到地毯之后，就不再飞扬，因而又可以净化室内空气，美化室内环境。地毯具有脚感舒适、使用安全的特点。而随着人们生活品质的提高，抱枕在家居中已不仅仅是美观点缀的作用，还具有更多的休闲保健功能。

皮质沙发与地毯搭配显得大气、富丽堂皇。抱枕的材质和颜色与客厅其他装饰相呼应，使整体感更强烈。

多种颜色与图案的抱枕相互搭配，合成纤维材质的地毯有多种花色供选择。

羊毛地毯特有的柔软舒适，彰显居室主人的品位，但同时羊毛地毯也比一般材质的地毯更需要精心打理。

多种颜色拼接而成的地毯，不论是颜色还是形状都与居室的风格统一，充满童趣和浪漫的色彩。

2.地毯的分类及日常清洁、保养方法

（1）纯羊毛地毯。毛质细密，具有天然的弹性，受压后能很快恢复原状。清洁保养非常麻烦，需要到洗衣店清洗。

（2）纯棉地毯。性价比较高，脚感柔软舒适，其中簇绒系列装饰效果突出，便于清洁，可以直接放入洗衣机清洗。

（3）合成纤维地毯。主要成分是聚丙烯，背衬为防滑橡胶，价格与纯棉地毯差不多，但花样品种多，不易褪色，可到洗衣店清洗，也可以用地毯清洁剂手工清洗。

（4）鹿皮地毯。一般为碎牛皮制成，颜色比较单一，烟灰色或怀旧的黄色最多。鹿皮地毯不能用水清洁，只能靠吸尘清洁。

（5）黄麻地毯。夏天坐上去很舒服，有榻榻米的效果，但是很难保养，因为不能水洗，只能用清洁剂擦洗。

3.抱枕在现代家居中的新功能

抱枕一般在客厅中与沙发搭配，供人们在沙发上休息时临时做枕头或保暖使用，同时也起到一定的装饰作用。发展到今天，抱枕已有了更多的功能。

（1）保健枕。在普通的抱枕中加入各种中药等理疗的材料，从而达到一定的保健作用。保健枕选用的枕套通常比较安全且有较强的透气通风性能，也能起到医疗中治疗和预防的作用。

（2）电动按摩枕。强身健体、舒松筋骨经络的振动按摩枕，配有外套，内填充有软弹性体，软弹性体内设置有振动装置。

（3）装饰抱枕。顾名思义是装饰用的抱枕，相对其他常见的家用抱枕来说，装饰抱枕更多地达到的是一种装饰效果，调节色彩、提升视觉空间感知或者借助于色彩的搭配，有助于还原设计师对空间设计时的需求。

（4）DIY 抱枕。比较流行的种类，购买合适大小的枕芯，然后用自己灵巧的双手创造出最舒适最喜欢的图案。

抱枕的图案与电视背景墙形成呼应，使原本显得突兀的电视背景墙与客厅融为一体，使整个空间和谐统一。

三种不同的抱枕打破了沙发抱枕原有形状统一的观念，条纹与碎花抱枕搭配，让客厅显得生动活泼。

3.7 手绘墙 + 墙贴，彰显主人的无限个性

手绘墙和墙贴，具有独特的绘画效果和装饰效果，同时还具有无限的想象空间和艺术性。人们可以自己选择或是设计独一无二的图案，通过手绘或是在专业打印店打印成墙贴，装饰出独具个性的家居效果。因此，手绘墙和墙贴逐渐成为时下比较流行的一种装修方式，尤其深受年轻人的喜爱。

1.手绘墙施工前应注意的相关问题

（1）了解绘画师从事绘画的时间长短。一般说来从事时间越长的，经验和功底越好，价格也会偏高一些。经过长期的磨练，能在绘画作品中展示那份凝重的内敛。如果是对绘画要求高的业主，就需要选择绘画年龄长一些的画师来绘制。

（2）了解作品绘制需要的人手。在开始绘制之前，了解整个作品绘制所需要的画师人数，并提前进行调整，因为每位画师的绘画习惯和风格都不相同，如果过多的画师同时完成一幅作品，那么很有可能会影响作品的统一协调性，影响作品的最终效果。

（3）不盲目贪图便宜。绘画艺术需要融入画师的大量心血，盲目选择过于便宜的绘画价格，那么在质量上必然会打很大折扣，墙绘公司也会对那些过度要求价格低廉的业主指派绘画功底弱、工资低的实习人员来绘制。

形态逼真的手绘墙，色彩的搭配、每一个细节之处的刻画，将画师精湛的绘画功底展现无余。

墙上的手绘墙仿佛墙面上开启的一扇通往美景的门，栩栩如生，让人在室内的空间里有身临其境的感受，令人心旷神怡。

发财树在我国有招财进宝的象征意义，在客厅中以发财树墙贴做沙发背景墙，能表达居室主人所寄寓的富贵吉祥的美好愿望。

2.新颖个性而又经济实用的墙贴

墙贴的别名是即时贴、随意贴等，目前市场上除了传统的墙贴外，还有各种材质及造型的立体墙贴，比传统墙贴的装饰效果更好。墙贴图案丰富，可以直接挑选喜欢的图案购买，也可以自己设计图案，拿去专业的打印加工店制作成墙贴，非常适合忙碌而追求品位和精致生活的人。

墙贴一般采用PVC胶面材料，使用无毒增塑剂，难燃、耐磨、抗化学腐蚀，绿色健康，不必担心给居室带来健康隐患。优质的墙贴是防水不褪色的，可以贴在淋浴房、厨房及卫生间等空间。贴之前必须先用干的抹布将被贴面的油渍、污渍擦掉，这样会比较牢固。脏了可以用湿布擦，非常方便。

3.手绘墙和墙贴的风格应与居室空间的风格相协调

在设计与挑选手绘墙与墙贴时，要掌握的一个基本原则就是，一定要与居室的整体风格相协调，否则只会产生画蛇添足的尴尬感。比如，您的居室是中式风格，那就要求墙画图案的色彩主要是比较保守的黑色、红色或者金色；而在图案方面，应选择具有中国传统特色的图案和纹样，或是国画中经常表现的图案。

一般来说，手绘墙多出现在乡村田园风格、新古典主义风格装饰中。这两种风格特征较鲜明，前者风格温馨，图画不拘于正规位置，边角随意涂鸦勾画非常多见，注重线条感，图画构图工整但色彩比较淡雅；后者多洋溢出历史的厚重感觉，多以完整图画出现，突出端庄古典的贵族气质。

在儿童房中用充满烂漫、幻想的卡通手绘墙做装饰，能让房间增添童趣的色彩，与儿童房内充满童趣的装饰相得益彰。

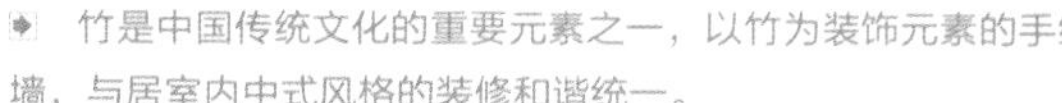

竹是中国传统文化的重要元素之一，以竹为装饰元素的手绘墙，与居室内中式风格的装修和谐统一。

生动活泼的城市建筑与交通街景，充满着童趣与欢乐，使整个房间都生动起来。

3.8 装饰画＋照片墙，提升设计感觉的神器

随着人们审美水平的提高，在居室装修中越来越注重装饰的个性化，而装饰画和照片墙作为充满个性化的家居装饰品，最能彰显出居室主人独特的个性和品位。通过DIY制作的照片墙，不仅能起到非常好的装饰效果，更是一面承载着家庭成员美好回忆的情感墙。

1.装饰画的分类介绍

家居装饰画按外形可分为有框画和无框画两种。有框画的外框有实木和塑料两种；无框画以无框的表现形式，使传统的油画表现出时尚、现代、无拘无束的个性，适合简约的装修风格。装饰画按制作方法可以分为三类，分别是印刷品装饰画、实物装裱装饰画和手绘作品装饰画。印刷品装饰画是由出版商从画家的作品中选出优秀的作品，限量出版的画作，但目前市场上基本都是批量生产的仿制品；实物性装饰画是以一些实物作为装裱内容，比较常见的为以中国传统刀币、玉器或瓷器装裱起来的装饰画，广受消费者欢迎；手绘作品装饰画，艺术价值很高，因而价格也昂贵，具有收藏价值。另外，装饰画按材质可分为油画装饰画、木制画、金箔画、摄影画、丝绸画、编织画、烙画等，每一种材质都以其独特的风格，为居室装饰渲染不一样的氛围。

中国传统装饰画不仅能使单调的沙发背景墙生动丰富，更能传达一种家的温馨氛围。

富有艺术气息的抽象油画加以金色边框制成的装饰画，与灰色有肌理的墙面相得益彰，渲染一种低调中高雅的空间品位。

当照片的幅面大小参差不齐，不论哪种形式的摆放都可能会造成零乱的效果，这时候如果从画框的颜色方面进行调整，将黑白两种对比强烈的颜色作为画框颜色，进行有序搭配，能达到意想不到的效果。

2.照片墙摆放方式

（1）螺旋式。以最中间的相框为中心，剩下的相框按照同一个方向旋转布置，形成螺旋一样的形状，相框之间的距离保持一致。

（2）居中式。把一张或两张照片放在中间，其他的照片分布在四周，以重点突出中间的照片。

（3）边缘对齐式。照片墙的外边缘呈规则的矩形，内部填充大小不同的相框。

（4）倒影式。对于大小各异的照片，选择一条水平线，大小相近的相框对称地放置在水平线上下两侧。

（5）阶梯式。楼梯照片墙的经典样式，让相框的布局像阶梯一样，要注意和楼梯的倾斜角度保持一致。

（6）九宫格。将大小一致的九张正方形照片，以上下左右等距的方式排列。

3.装饰画与照片墙的日常保养

由于大多数装饰画材料畏光畏潮，应尽量置于干燥阴凉处，也可为画框加装玻璃框或在画框内放置干燥剂等。

（1）平时应该避免杀虫剂、喷雾剂、香烟等碰触到装饰画和照片，注意通风和防潮，远离卫生间、厨房，防止它们的材质被损坏。

（2）为了防止灰尘和昆虫进入装饰画，腐蚀作品，可以在装饰画的背后用一个木板封住。

（3）避免阳光长期直射装饰画和照片，否则容易造成变色或者褪色等问题。

（4）不要让利器或者尖锐的物品接触到装饰画，会划破或者损伤画的材质。

以长角的雄鹿与娇艳美丽的花卉为元素，昂首奔跑的雄鹿象征着男性顽强的生命力与战斗力，娇嫩艳丽的花朵是温良美好的女性的象征，营造了一种和谐美好的家的氛围。

将文字和图案的墙贴穿插在照片墙中，既能使照片墙层次更加丰富，又能为居室增添趣味。

将自己最心爱的图片打印成大小不一的幅面，按搜集的先后顺序环绕摆放，有主有次，主次分明，既更好地展示了自己最心爱的照片，又使墙面井然有序。

3.9 陶瓷+手工艺品，富有典故与文脉的点缀

一个温馨雅致的家中，必定少不了饰品的点缀，而陶瓷和手工艺品，是家居饰品中最常用，也是最能体现居室主人品位的重要元素。选择适合居室风格、摆放得当的陶瓷和手工艺品，方能起到画龙点睛的作用。

1.根据装修风格来挑选陶瓷和手工艺品

在装修之后用陶瓷和手工艺品摆件来点缀，是提升家装品味最便捷的选择。这些陶瓷和手工艺品制作精美，具有极高的艺术收藏价值，并且款式繁多，风格也是多样。而我们在选择的时候一定记得要结合自己的家居风格合理搭配，包括色调、造型等。比如，中式风格的家居中，青花瓷、玉石制作的工艺品能很好地烘托空间氛围；而乡村田园风格的居室中，带有自然气息的竹藤、龟壳、树枝等制作的手工艺品，更能与居室的风格相得益彰。虽然色彩风格繁多，但是只要结合好空间规划，选择风格相当的陶瓷和手工艺品进行搭配，定会收到意想不到的精美效果。

中式风格在配饰上当然少不了青花瓷的点缀，凝聚着中国传统文化的青花瓷器承载着人们对历史文脉的追寻。

抽象的现代雕塑工艺品具有百搭装饰效果，与任何风格都能和谐统一。

在空间相对宽阔的客厅中，板凳造型的工艺品，不仅能起到装饰效果，更能作为家具使用，实用观赏两相宜。

桌上造型生动、做工精致的奔马造型工艺品，加上旁边现代感强烈的玻璃镜，衬托出时尚现代的居室风格。

2.工艺品的大小和造型选配

摆放空间的大小、高度是确定工艺品规格大小及高度的依据。摆放空间较大、较高，那么摆放饰品的规格也相应较大、较高，一般来说，摆放空间的大小、高度与摆放饰品的大小及高度成正比。

摆放空间的功用是确定工艺品种类的依据。在一个空间里摆什么样的饰品，必然考虑这个空间的功用。例如，可以在餐桌上摆花、摆果、摆酒具，但如果在餐桌上摆人体雕塑，就不太适合。

另外，承载家具的形状是确定工艺品形状的依据。一般以对比的方式效果最佳，如圆配方、横配竖，形状复杂配形状简洁等。

3.摆在哪里最合适？

在根据居室装饰风格挑选好陶瓷和手工艺品后，究竟应摆在哪里才能最好地施展它的魅力，也是一件令人头疼的事。我们在摆放时，在确定好工艺品的大小合适后，可以根据摆放位置周围的色彩来进行搭配。主要有两种搭配方式，一种是配和谐色，即工艺品的颜色与周围的色彩较为接近（同一色系的颜色），如红配粉、白配灰、黄配橙等；另一种是配对比色，即工艺品的颜色与周围的色彩形成较强烈的对比，如黑配白、蓝配黄、白配绿等。

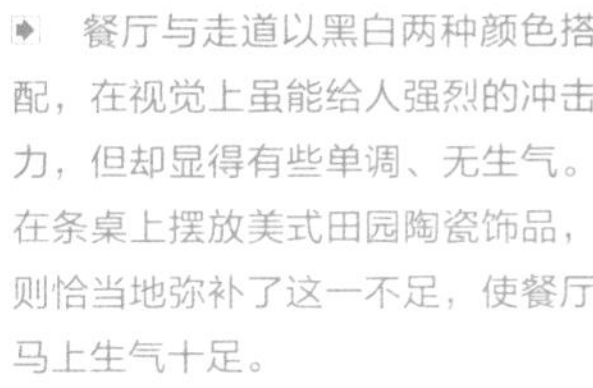

以现代抽象雕塑装饰品，让居室空间充满着自然、现代的气息。各种类型装饰品组合在一起，放置在楼梯间与走道中比较安全的部位最合适。

餐厅与走道以黑白两种颜色搭配，在视觉上虽能给人强烈的冲击力，但却显得有些单调、无生气。在条桌上摆放美式田园陶瓷饰品，则恰当地弥补了这一不足，使餐厅马上生气十足。

3.10 插花＋绿植，搭配布置才是硬道理

装修完成后，不少业主会在室内摆放各种植物、花卉，绿化植物能陶冶情操、美化环境、修身养性，同时也成为一种优化生活环境的媒介。但是不同种类的花卉、植物，其生物特性也不同，对于家居而言，选择好养活的植物栽培，能以耗费较少的精力获得良好的效果。

1.插花和绿植的挑选

（1）个人性格喜好。不同的人对植物的偏爱不同，这关系到人的性格、年龄、职业、文化背景及地域风俗等。一般习惯用不同的植物来比喻不同的性格，例如，松柏象征坚贞不屈，文竹表达人的虚心谅解、清高雅致，梅花则赞美不畏严寒、纯洁高尚的品格，荷花表现为出淤泥而不染、廉洁朴素。

（2）居室的装修风格。不同风格的居室，应选择与之相和谐的插花和绿植进行搭配。比如，中式风格的装修宜挑选菊花、梅花、木本绣球等作为插花，挑选文竹、君子兰等作为绿植；简欧风格的装修宜选择玫瑰、郁金香、向日葵等作为插花，挑选绿萝、橡皮树等作为绿植。

（3）住宅环境。室内空气是否流通，阳光是否充足都是植物正常生长的重要因素。例如，楼层较高的住宅，采光通风条件较好，能选择的植物种类也较多。相反则需要精心照管，通过把握好湿度与光照度等环境因素来控制。

在中式客厅的茶几上摆放一株文竹，极好地强化了中式文化，同时，绿意盎然的文竹也为居室空间带来浓浓的生气。

光线充足、通风良好的居室中，能很好地满足绿植生长所需条件，大量绿植不仅能美化空间，还能净化空气，调节室温。

2.通过植物来组织引导空间

利用植物来分隔功能空间既能最大化利用空间，又能美化环境。如在客厅与餐厅间的走道上或餐厅与厨房的酒柜边都放置一个插着颀长花的精美花瓶，或是一盆绿色盆景植物，可以起到空间分隔的作用，明确不同空间之间的界线。此外，绿色植物还可以突出家居空间的重点部位，如布设少量盆景植物于门厅玄关处、走道尽端处、电视机背景墙两侧等装饰复杂部位，明确表达空间中的起始点、转折点、中心点及终结点等。在视觉中心位置，可以布置醒目、名贵且富有装饰性的植物，起到强化重点、引导空间的作用。

通过搭配各种花卉和绿植，来对空间进行功能分隔，让原本显得杂乱拥挤的空间变得井然有序。

3.插花与绿植的布置方式

（1）中心布置。在家居活动的中心部位，如客厅茶几上、餐厅餐桌上等重要位置摆设较为醒目的插花或绿植，例如，色彩鲜艳的盆花、姿态奇异的枝干都可达到烘托空间主体、强化居室生活核心部位的作用。

（2）边角布置。客厅沙发的转角处、餐厅酒柜的边角处、卧室床头柜与衣柜的衔接处都是插花和绿植的最佳布设点。

（3）垂直布置。通常采用由上至下的悬吊方式，利用装饰吊顶造型、装饰墙面、贴墙装饰柜、楼梯扶手等的凸凹结构，由上至下吊挂绿植。

（4）靠门窗布置。插花和绿植靠近门窗可接受更多的日照，完成良好的光合作用过程，并且从室外观望能形成良好的室内景观，给人以亲切感、愉悦感。

客厅正中心的茶几上摆放的白色的花卉，成为整个客厅的视觉中心。而靠墙角摆放的绿植与茶几上的花卉形成呼应，给客厅增添了生动气息。

门边摆放的干枝长株花卉，不仅能起到装饰作用，还具有分隔空间的功能。茶几上的绿色盆景，与室内色彩形成对比，成为点睛之笔。

很多人在装修前，总觉得房子的每一个空间怎么安排都不合适，这种情况下，需要对房屋的户型进行改造，通过打破原有格局，结合业主的个性化需求，重新规划设置新的布局，从而将空间最大化利用，打造一个最适合自己的舒适温馨的家。

第4章

10套户型改造案例解析

4.1 挖掘超级小户型中的富余地

这是一套一室一厅的小户型，为了使房子看起来空间层次丰富一些，开发商用一些隔墙将室内进行了分隔，看起来似乎户型比实际面积大，功能空间也挺多，性价比很高。事实上，实际使用面积却更小了，浪费空间过多，使原本就不宽敞的房屋更拥挤。在改造时，我们可以大胆地拆除一些中看不中用的隔墙，充分利用每一寸空间，做到“地尽其用”。

改造前

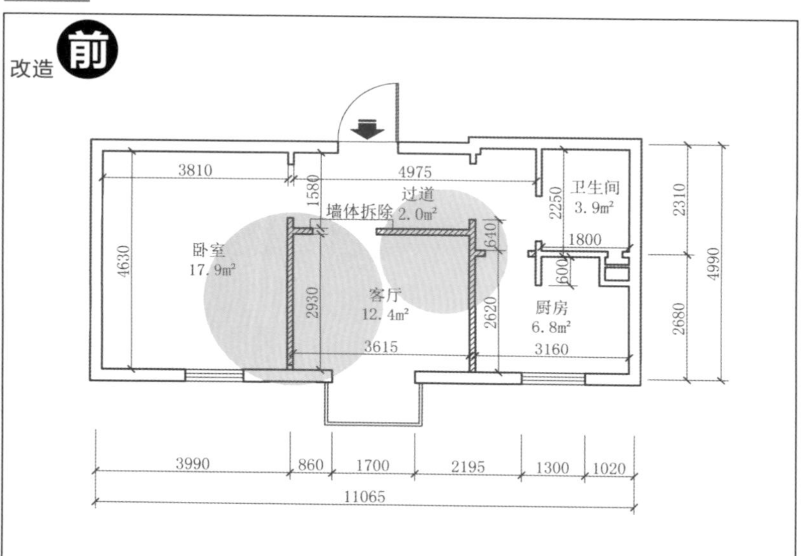

★户型身份证★

- 建筑面积67m²
- 使用面积54m²
- 框架结构
- 南北朝向
- 10/32层
- 一室一厅，层高2.8m
- 含客厅、一体式餐厨、卧室、卫生间各一间，朝南阳台一处。

破解中

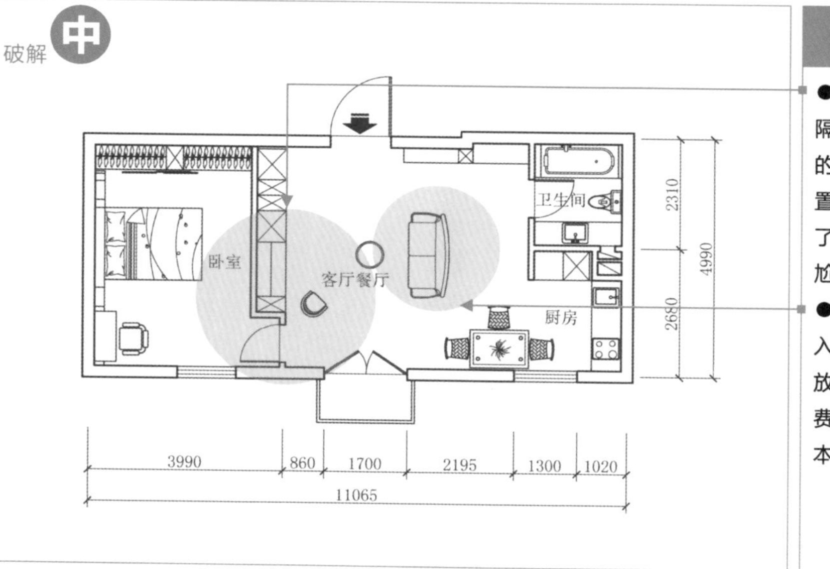

★布局改造★

- 拆除卧室与客厅餐厅间的隔墙，改为向客厅方向开门的储物柜，将卧室的开门设置在靠近阳台的一边，避免了原本进门即见卧室门的尴尬。
- 拆除客厅与厨房、客厅与入户大门间的隔墙，打造开放式厨房，减少了空间浪费，增加了室内采光，使原本逼仄的空间开阔通透。

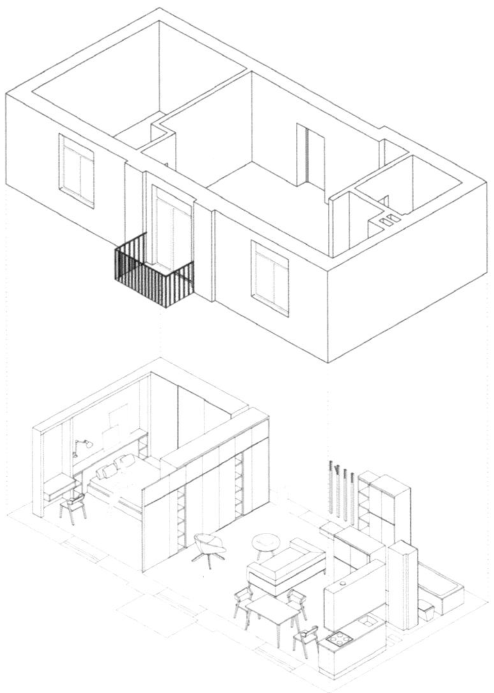

★设计亮点★

●所属风格：现代简约风格

●主要用材：乳胶漆、硝基漆、实木地板、橡木板材、马赛克贴砖。

●客厅的储物柜以白色硝基漆涂饰，与墙顶面保持一致，在视觉上有拉伸放大空间的效果，储物柜中穿插的隔板可以兼具书柜的功能，以墨绿色加以点缀区分。厨房的厨柜及餐桌椅在用色上也恰到好处地点缀墨绿色与客厅储物柜相呼应，使整个居室在用色上和谐统一。

对于小户型来说，合理的布局至关重要，这样才能挖掘出每寸富余之地，力求使用空间最大化。将厨房、餐厅和客厅这三个功能空间合为一体，省去了原本用作各空间隔墙的位置，非常适合居住人数不多的小户型。

如果某个空间的色彩感觉过于素雅，可以在后期选择色彩比较亮丽的配饰加以提亮。客厅中亮黄色的沙发椅和抱枕，使原本显得沉闷的客厅立刻变得生动起来。

用卷帘式的投影仪取代传统的电视机背景墙，不仅现代时尚，更贴合年轻人的生活方式，同时，腾出的空间也为主人打造了一个超大的储物柜，大大增加了居室的收纳功能。

在不使用投影仪观看电视节目的时候，电视背景墙就成为一个储物柜，可以自由地收纳和取用物品。

打开储物柜中间的柜门，俨然就成为一间带电脑与书柜的书房，弥补了缺少书房的遗憾，这种设计方式非常适合小户型装修。

将厨房与客厅连通，打造开放式厨房，在厨房与客厅间靠墙摆放餐桌，既最大化利用了空间，不影响厨房与客厅间的流通，又使日常进餐更加便利。

卫生间以白色与棕色两种颜色搭配，简洁时尚。浴缸与坐便器之间局部安装玻璃隔断，避免了在使用坐便器时浴室的水溅到身上。

将床头背景墙上设置储物柜，以取代床头柜的功能，节省了安放床头柜的空间，在不影响使用的同时，使原本狭窄的卧室空间宽敞许多。

预算

项目名称	数量	单价（元）	合价（元）
基础改造			
墙体拆除	27.8m²	50	1390
墙体砌筑	15.4m²	140	2156
电路布置改造	43m²	70	3010
水路布置改造	10.7m²	90	963
卫生间回填	3.9m²	60	234
地面整平	34m²	40	1360
垃圾清理	1项	600	600
工具磨损与耗材	1项	1200	1200
基础改造小计			10913

项目名称	数量	单价（元）	合价（元）
客厅、餐厅			
石膏板吊顶	24.8m²	135	3348
墙顶面乳胶漆	86.8m²	38	3298
客厅主综合柜	11.2m²	900	10080
大门旁储藏柜	7m²	780	5460
复合木地板	26m²	120	3120
复合木地板踢脚线	18.5m²	18	333
大门单面包门套	5m	120	600
顶面筒灯	8件	90	720
餐厅吊灯	1件	290	290

续表

项目名称	面积/数量	单价（元）	合价（元）
卷帘	8.9m²	70	623
沙发	1件	750	750
茶几	1件	320	320
书桌椅	1件	280	280
客厅餐厅小计			29222
厨房			
石膏板吊顶	6.2m²	135	837
墙顶面乳胶漆	9.5m²	38	361
墙面聚晶玻璃	1.5m²	230	345
整体橱柜	8.1m²	900	7290
复合木地板	6.5m²	120	780
复合木地板踢脚线	1.5m²	18	27
油烟机	1件	1500	1500
燃气灶	1件	1200	1200
消毒柜	1件	2400	2400
水槽与水龙头	1套	550	550
顶面筒灯	2件	90	180
冰箱	1件	3200	3200
厨房小计			18670
卫生间			
石膏板吊顶	3.9m²	135	527
顶面乳胶漆	3.9m²	38	148
墙地面防水处理	21.9m²	85	1862
墙面铺装瓷砖	21.6m²	160	3456
地面铺装瓷砖	4.1m²	180	738

项目名称	面积/数量	单价（元）	合价（元）
整体储物盥洗柜	4.8m²	900	4320
洗面盆	1件	280	280
镜前灯	1件	160	160
坐便器	1件	800	800
浴缸	1件	1600	1600
淋浴花洒	1件	550	550
钢化玻璃隔断	1.2m²	180	216
卫生间组合灯	1件	800	800
热水器	1件	1500	1500
套装门	1套	1200	1200
卫生间小计			18157
卧室			
石膏板吊顶	17.9m²	135	2417
墙顶面乳胶漆	62.7m²	38	2383
综合衣柜	16.2m²	900	14580
顶面筒灯	6件	90	540
镜前灯	1件	160	160
卷帘	2.4m²	70	168
复合木地板	18.8m²	120	2256
复合木地板踢脚线	13.2m²	18	238
书桌椅	1件	280	280
床	1件	2800	2800
套装门	1套	1500	1500
卧室小计			27322
总价			104284

4.2 完美改造奇葩夹缝房

这是一套位于底层的小户型，5.4m的层高可以任由业主支配。因此，为了充分利用空间，业主想将居室分隔成含有上下两层的复式楼。但是，这套户型由于面积有限，加上分配不合理，因此形成许多夹缝空间，影响了空间利用效率。在改造时，我们对空间进行重新规划分配，将一层和二层进行功能分区，一层主要用作日常会客、休闲、用餐等公共空间，二层作为睡眠休息的私密空间。

改造前

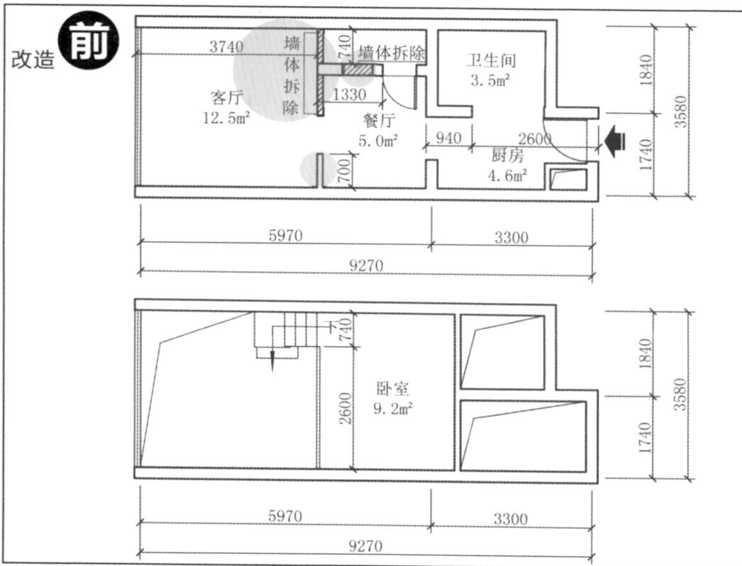

★户型身份证★

- 建筑面积58m²
- 使用面积43m²
- 框架结构
- 东西朝向
- 1/12层
- 一室二厅，层高5.4m，部分空间被楼板分隔成上下两层
- 含客厅、一体式餐厨、卧室、卫生间各一间，朝南阳台一处。

破解中

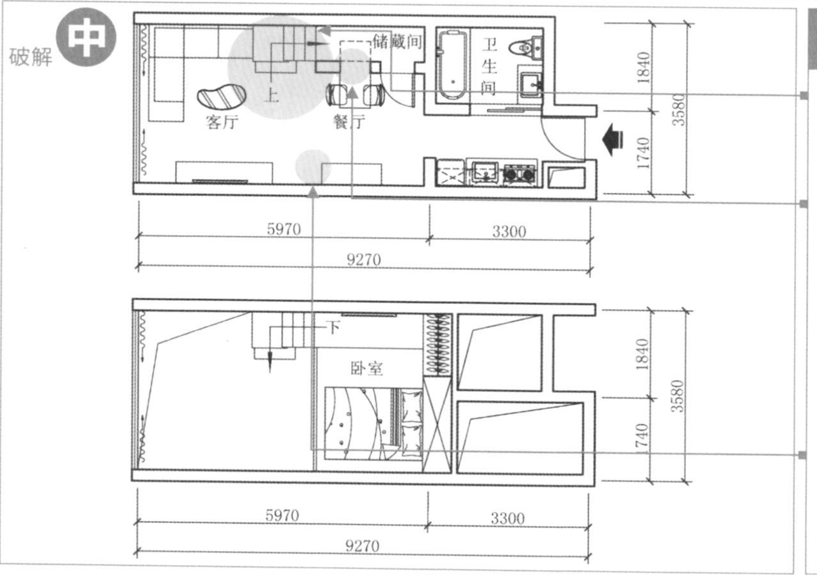

★布局改造★

- 拆除客厅与储藏间、客厅间的墙体，靠墙砌筑楼梯。
- 拆除储藏间与餐厅间的部分墙体，改造为隔板式酒柜墙，定制长方形木质餐桌，餐桌一部分在餐厅作为用餐使用，另一部分在储藏间作储物功能，巧妙利用了安装楼梯后所形成的夹缝空间。
- 拆除客厅与餐厅间的分隔墙体，将客厅地面做成榻榻米式，使居室空间层次更丰富，也增强了室内的采光。

改造 

★设计亮点★

●所属风格：现代简约

●主要用材：乳胶漆、硝基漆、实木地板、白枫木板材、800mm×800mm玻化砖。

●这套居室在前期装修中以米色和棕色为主要颜色进行设计搭配，米色和棕色的暖色属性能让空间在显得温馨舒适的同时，视觉上也有扩充空间的效果。同时，在后期配饰时，所选的配饰也非常注重与整体的和谐，不论是沙发、茶几，还是餐椅、装饰画等等，都没有随意挑选色彩斑斓的物件堆放在一起，所选的都是同一色系的或是黑白中性色系的。正是这些细微处的严谨，才造就了最终的完美。

将餐桌边的墙面设计成带隔板的装饰柜，既不影响墙体的空间分隔功能，又能具备收纳功能，存放一些啤酒零食，方便就餐时取用。

将客厅地面设计成榻榻米式的层级式地台，对于底层的住宅具有非常好的防潮防虫以及保温隔热的功效。

将二楼设置为仅作睡眠的独立功能区，使空间更具私密性，在休息时也不容易被其他家庭成员打扰。

将楼梯与客厅地面巧妙地连为一体，比起钢结构楼梯，不仅节约成本，而且使空间得到最大化利用，尤其适合小户型的复式住宅中。

客厅沙发背景墙的装饰画，以人物照片与抽象图案和文字相结合来搭配，使原本显得单调的色彩以另外的形象衬托出了丰富感。

造型独特的灯光照明是客厅的亮点，彰显了居室主人独特的审美品位。灯具的黑色与装饰画的黑色边框形成呼应，提升空间的和谐感。

将窗外的竹林借景引入室内，使人坐在室内就有置身大自然的错觉，能给人轻松自在的感受。

项目名称	数量	单价（元）	合价（元）
基础改造			
墙体拆除	$8.5m^2$	50	425
楼梯砌筑	$5.3m^2$	400	2120
电路布置改造	$44m^2$	70	3080
水路布置改造	$8.1m^2$	90	729
卫生间回填	$3.5m^2$	60	210
垃圾清理	1项	500	500
工具磨损与耗材	1项	1200	1200
基础改造小计			8264
厨房			
铝扣板吊顶	$4.6m^2$	240	1104
墙面铺装瓷砖	$12.2m^2$	160	1952
地面铺装瓷砖	$4.8m^2$	180	864
整体橱柜	$6.8m^2$	1200	8160
一体式烟灶	1件	5800	5800
顶面筒灯	2件	90	180
冰箱	1件	3200	3200
厨房小计			21260
卫生间			
铝扣板吊顶	$3.5m^2$	240	840
墙面铺装瓷砖	$12.3m^2$	160	1968
地面铺装瓷砖	$3.7m^2$	180	666
墙地面防水处理	$19.6m^2$	85	1666
整体储物盥洗柜	4.5件	900	4050
镜前灯	1件	160	160
坐便器	1件	800	800
浴缸	1件	1600	1600
热水器	1件	1500	1500
成品木质推拉门	5件	320	1600
卫生间小计			14850
客厅、餐厅			
墙顶面乳胶漆	$61m^2$	38	2318
装饰墙柜、餐桌	5件	780	3900
地面铺装玻化砖	$5.3m^2$	250	1325
实木地板	$18m^2$	180	3240
实木地板踢脚线	8m	22	176
大门单面包门套	5m	120	600
沙发	1件	3600	3600
茶几	1件	230	230
客厅餐厅小计			15389
卧室			
墙顶面乳胶漆	$32.2m^2$	38	1223.6
实木地板	$10m^2$	900	9000
沙发	1件	90	90
茶几	1件	2800	2800
铁艺护栏	2.5m	125	312.5
卧室小计			13426.1
总价			73189.1

4.3 打破朝北眼镜房的悲哀

这套户型入门正对北面，并且南北两个方向都没有窗子，也就是说，室内的采光基本都是依靠着东面和西面两个方向，属于典型的“眼镜房”，这类户型除了采光不足外，空间布局上一般浪费也比较大，尤其是在这套户型中，客厅处的飘窗非常占用空间，让原本就不富足的客厅显得更局促。我们在改造时，可以通过拆除一些墙体或构造，改变空间布局，来实现空间的最合理分配和利用。

改造 前

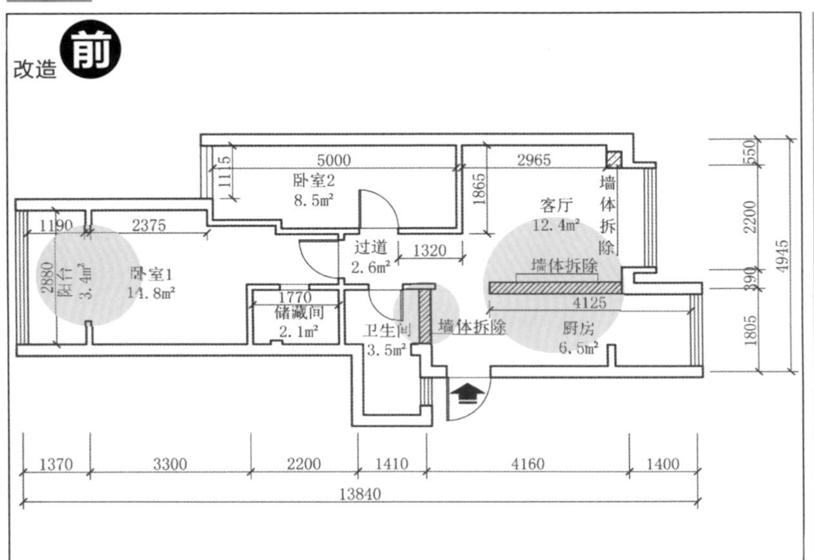

★户型身份证★

- 建筑面积72m²
- 使用面积64m²
- 框架结构
- 南北朝向
- 9/22层
- 二室一厅，小错层，层高2.8m
- 客厅一面带墙体式飘窗台，含客厅、餐厅、储藏间，卧室两间，厨房、卫生间各一间，朝西阳台一个。

破解 中

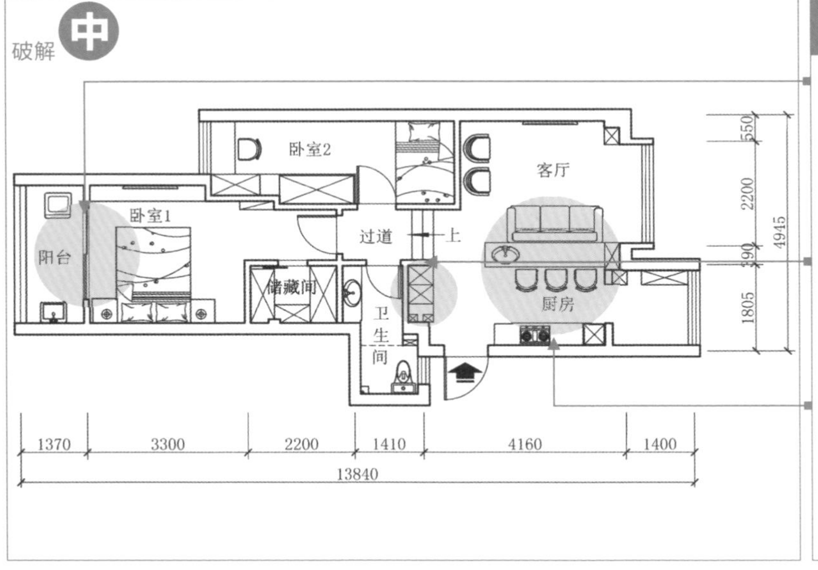

★布局改造★

- 在卧室1与阳台间安装玻璃推拉门，使阳台得以充分利用。将阳台与卧室进行了功能分区的同时，也不影响卧室的通风与采光。
- 拆除卫生间与入户走道间的墙体，以置顶的入户装饰柜做分隔，增加居室的收纳功能。
- 拆除客厅与厨房间的墙体，在沙发背部砌筑人造石台面，打造集办公、休闲、餐厨多功能于一体的区域。

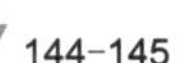

改造 

★设计亮点★

●所属风格：混搭

●主要用材：乳胶漆、实木地板、大理石、人造石、不锈钢板、墙纸、橡木板材、800mm×800mm仿古砖。

●这套错层的小户型集合了美式、简约和loft的装修风格为一体，造型简单大方，质感敦厚的沙发、座椅等家具以及镂空雕花的铁艺门都是美式风格的代表；给人粗犷直接感受的铁与不锈钢制作的座椅、大理石台面、人造石挂设的电视背景墙均是loft风格的精髓。全屋在色彩搭配上以中性的黑白、灰为基础色系，渲染出一种率性、直接的氛围，是许多年轻人喜爱的风格。

进入卧室的错层楼梯，将卧室与其他空间进行功能分区，增加了卧室的私密性，同时也使整个居室更具层次感。

将原本连接墙体的飘窗台拆除，设置尺寸适宜的沙发，大大增加了客厅的使用面积，开发每一处可利用空间。

将原本各自独立的客厅与厨房打通，以沙发和操作台进行形式上的分隔，靠近走道的位置安装固定式玻璃隔断，既具有空间分隔功能，同时玻璃的透光反射性能在视觉上使空间得以延伸放大。

黑色的成品烤漆装饰柜，烤漆所具有的光亮质感与黑色的高雅神秘感相结合，提升了居室空间的高雅档次。

客厅黑色玻璃茶几上，以极具质感的白色丝绸做局部装饰，黑白两种强烈的对比色搭配出雅致不俗的品位，不锈钢的餐具与透明玻璃器皿更加彰显了居室主人的品位。

在面积较小的居室装修中，通过设置较大的玻璃镜，可以在视觉上拉伸放大空间，让空间显得比实际面积大一些，但切忌过多，居室内若设置过多的玻璃镜会让人产生眩晕感。

人造石的台面不仅有极佳的外观，比大理石的花纹更美观多样，质感更柔滑光亮，还具有防水、防火、耐脏、易清洗、经久耐用的优点，在厨房装修中使用非常广泛。

用不锈钢板作为厨房烹饪区的背景墙，不锈钢耐脏耐磨的特性，能大大方便日常烹饪所带来的油污清洗工作，成为近年来非常流行的厨房装修方式。

乳胶漆与墙纸相搭配的墙面装饰形式是目前家居装修中墙面装修的主要方式。卧室中床头背景墙选用与其他墙面乳胶漆色彩对比强烈的图案，对整个卧室的色彩起到突出与平衡的效果。

预算表

项目名称	数量	单价（元）	合价（元）
基础改造			
墙体拆除	$12.5m^2$	50	625
墙体砌筑	$3.6m^2$	140	504
电路布置改造	$57m^2$	70	3990
水路布置改造	$10m^2$	90	900
卫生间回填	$3.5m^2$	60	210
垃圾清理	1项	700	700
工具磨损与耗材	1项	1300	1300
基础改造小计			8229
厨房			
石膏板吊顶	$6.5m^2$	240	1560
墙顶面乳胶漆	$23m^2$	38	874
地面铺装瓷砖	$6.8m^2$	180	1224
整体烟灶橱柜	$2.2m^2$	6500	14300
顶面筒灯	6件	90	540
冰箱	1件	3200	3200
厨房小计			21698
卫生间			
铝扣板吊顶	$3.5m^2$	240	840
墙面铺装瓷砖	$19.2m^2$	160	3072
地面铺装瓷砖	$3.7m^2$	180	666
墙地面防水处理	$19.5m^2$	85	1657.5
整体储物盥洗柜	$5.8m^2$	900	5220
坐便器	1件	800	800
热水器	1件	1500	1500
套装门	1件	1200	1200
卫生间小计			14955.5
客厅、餐厅			
石膏板吊顶	$13m^2$	135	1755
墙顶面乳胶漆	$43.4m^2$	38	1649.2
大理石台面桌	2.9m	780	2262
地面铺装仿古砖	$13m^2$	250	3250
人造石电视背景墙	$8.1m^2$	260	2106
烤漆装饰柜	$3.2m^2$	1200	3840
大门单面包门套	5m	120	600
沙发、茶几	1套	6500	6500
顶面筒灯	9件	90	810
客厅餐厅小计			22772.2
卧室储藏间			
墙顶面乳胶漆	$88.9m^2$	38	3378.2
床头背景墙墙纸	$9m^2$	180	1620
床、床头柜	2套	3500	7000
套装门	2套	1200	2400
地面铺装实木地板	$26.2m^2$	180	4716
实木地板踢脚线	27m	22	594
综合衣柜	$13.4m^2$	900	12060
卧室储藏间小计			31768.2
总价			99422.9

4.4 厨房与卫生间的结合

这是一套近年来比较流行的单身公寓房，公寓房的面积一般都比较小，开发商在建造时，一般只做简单的分区，由房主自己根据需求进行分区改造、自由发挥。因此，这套小公寓房在交房时仅将卫生间作为独立区域进行了分隔，其他区域基本就是一个整体。居室主人是一个时尚前卫的都市年轻白领，追求随性自在的生活方式，因此，他希望打破传统的方式，改造出一个独特、不拘一格的居室空间。

改造前

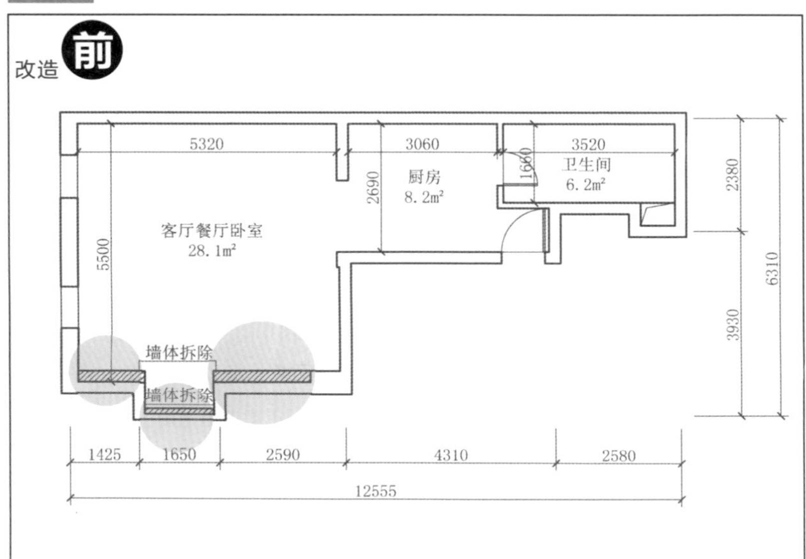

★户型身份证★

- 建筑面积65m²
- 使用面积48m²
- 框架结构
- 南北朝向
- 26/32层
- 一居室，小错层，层高2.8m
- 公寓房，窗户朝西面开启，含卧室、卫生间、厨房各一间。

破解中

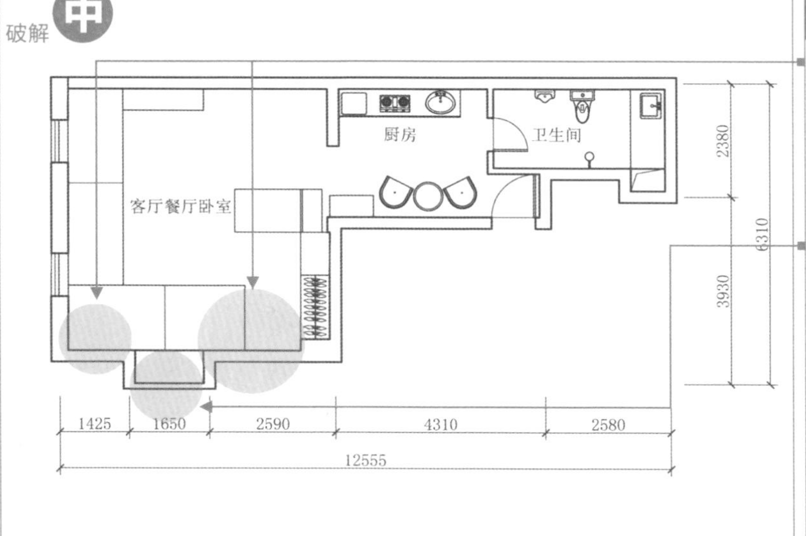

★布局改造★

- 拆除卧室南面部分墙体，不影响房屋的支撑墙体，保留邻边做衣柜所需的柜体宽度。在不影响设置衣柜的同时最大化使用空间。
- 拆除卧室部分墙体，改造成一体式地柜，集收纳柜、矮桌、榻榻米功能于一体的多用途柜体。
- 拆除卧室部分墙体，使之与其他两处拆除墙体后的空间连为一体，设置一体式地柜，增加居室的收纳功能。

改造

★设计亮点★

●所属风格：日式

●主要用材：乳胶漆、硝基漆、实木地板、反光窗帘、榉木板材。

●改造后的居室，给人的整体感觉是很随意、简单利落，却又是“麻雀虽小，五脏俱全”，所有的居住功能基本都得到了合理的满足，又不会有杂乱、拥挤的感觉。尤其是卧室这部分，并没有按照传统的方式将这一空间分隔成餐厅、客厅和卧室等各个不同功能的空间，而是大胆而巧妙地将这些空间合为一体，尤其是将衣柜的一部分设计成可开可合式书桌书柜，既不占用空间，又增加了书房的功能。

金色的反光窗帘在这里被赋予了分隔厨房烹制区域的功能，既有效避免了烹饪时的油烟对卧室造成干扰，也为居室增添了一道亮丽的风景线。

条形悬吊式造型的吊顶，贯穿室内不同功能区域上空，使居室显得整体和谐统一的同时，也弥补了下部空间的简洁单调。

将衣柜靠外一侧的书桌收进去，就是一个整体式柜体，在不需要写作阅读的时候，这部分空间就被作为日常起居的活动区域。

拉开衣柜的一扇柜门，摆上两把椅子，这里就成了一个带书柜、书桌的独立书房了，隔板上放置的书可供随手取用。书桌同时也可兼具餐桌的功能。

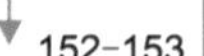

崇尚自然、朴实是日式风格的精髓，纯白的墙面与原木色的塌塌米式地台相搭，清新古朴的日式小清新浮于眼前。

室内唯一的采光源来自于卧室的这两扇朝西的窗户，如果按传统的设计方式，将卧室与相邻的空间分隔成独立的、以门相隔的空间，那么室内其他部分的空间就完全失去光源了，因此，让卧室与其他空间形成开放式空间，对居室的采光和空气流通都是至关重要的。

在墙面钉制搁板是现代家居装修中运用非常广泛的一种方法，不仅能对室内进行点缀装饰作用，而且还能存放很多物品，增加居室收纳能力的同时也方便取用。

这间居室没有设置单独的卧室，也没有传统意义中的床，房间中的沙发与榻榻米的组合体，充当着床的功能，自在随意，非常受时下年轻时尚一族的青睐。

预算表

项目名称	数量	单价（元）	合价（元）
基础改造			
墙体拆除	13.7m²	50	685
电路布置改造	45m²	70	3150
水路布置改造	14.4m²	90	1296
卫生间回填	6.2m²	60	372
地面整平	38.8m²	40	1552
垃圾清理	1项	600	600
工具磨损与耗材	1项	1200	1200

项目名称	数量	单价（元）	合价（元）
基础改造小计			8855
厨房			
石膏板吊顶	8.2m²	135	1107
顶面乳胶漆	28.7m²	38	1090.6
墙面铺装瓷砖	42.6m²	160	6816
地面铺装实木地板	8.6m²	180	1548
实木地板踢脚线	8.7m²	22	191.4
整体橱柜	7.8m²	900	7020

续表

项目名称	数量	单价（元）	合价（元）
油烟机	1件	1500	1500
燃气灶	1件	1200	1200
消毒柜	1件	2400	2400
水槽与水龙头	1套	550	550
顶面筒灯	2件	90	180
反光窗帘	8.5m²	145	1232.5
收纳桌柜	1.8m²	900	1620
大门单面包门套	5m	120	600
冰箱	1件	2600	2600
厨房小计			29655.5
卫生间			
铝扣板吊顶	6.2m²	240	1488
墙面铺装瓷砖	32m²	160	5120
地面铺装瓷砖	6.5m²	180	1170
墙地面防水处理	34.7m²	85	2949.5
整体储物盥洗柜	3.8m²	900	3420
洗面盆	1件	280	280
镜前灯	1件	160	160
坐便器	1件	800	800
多功能风暖浴霸	1件	500	500
热水器	1件	1500	1500
淋浴花洒	1件	550	550

项目名称	数量	单价（元）	合价（元）
卫生间组合灯	1件	800	800
套装门	1套	1200	1200
卫生间小计			19937.5
客厅、餐厅、卧室			
石膏板吊顶	28.1m²	135	3793.5
墙顶面乳胶漆	98.4m²	38	3739.2
石膏板装饰隔墙	29.7m²	76	2257.2
实木地板	29.5m²	180	5310
实木地板踢脚线	22m²	22	484
综合衣柜、书柜	11.2m²	900	10080
多功能地柜	7.4m²	900	6660
墙面装饰隔板	2.2m²	110	242
木质装饰开窗	3.2m²	245	784
定制沙发垫	11.5m²	120	1380
抱枕	8个	55	440
顶面悬挂照明灯具	2件	110	220
顶面筒灯	6件	90	540
多功能音响	1套	550	550
亚克力不锈钢坐椅	2件	210	420
卧室储藏间小计			36899.9
总价			95347.9

4.5 老户型的全新生活

这是一套房龄较老的老式户型，在结构上具有20世纪90年代末期建筑的特征，注重功能区的数量，以满足一大家人的居住，各房间分区保守繁冗，这样务必就会造成很多畸零空间的浪费。随着时代的进步，生活水平、生活方式也发生了变化，以前需要容纳一大家人的房子，现在仅作两位老人居住的空间。因此，这套老户型的改造也需要以满足现代居住为前提，打破传统的房间格局，打造焕然一新的新居室。

改造前

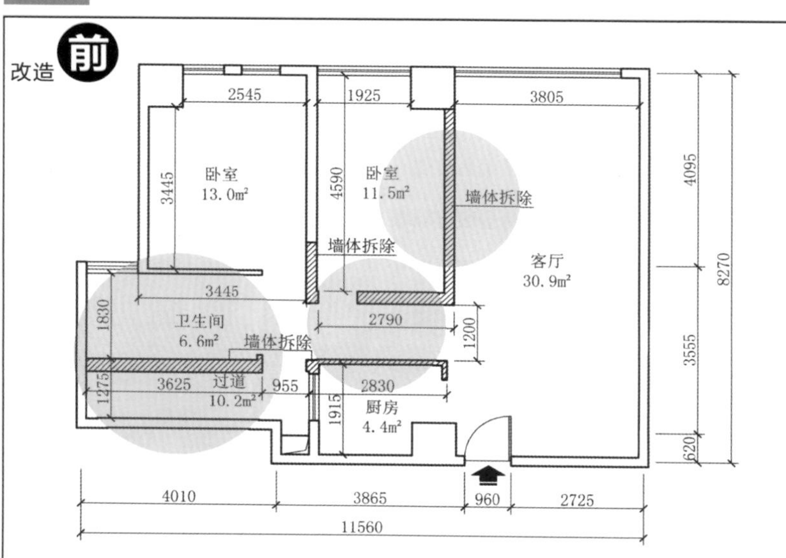

★户型身份证★

- 建筑面积98m²
- 使用面积79m²
- 砖混结构
- 南北朝向
- 3/7层
- 二室二厅，层高2.8m
- 所有窗户均朝南面开启，南北通透，采光好。含卧室两间、客厅、厨房、卫生间各一间。

破解中

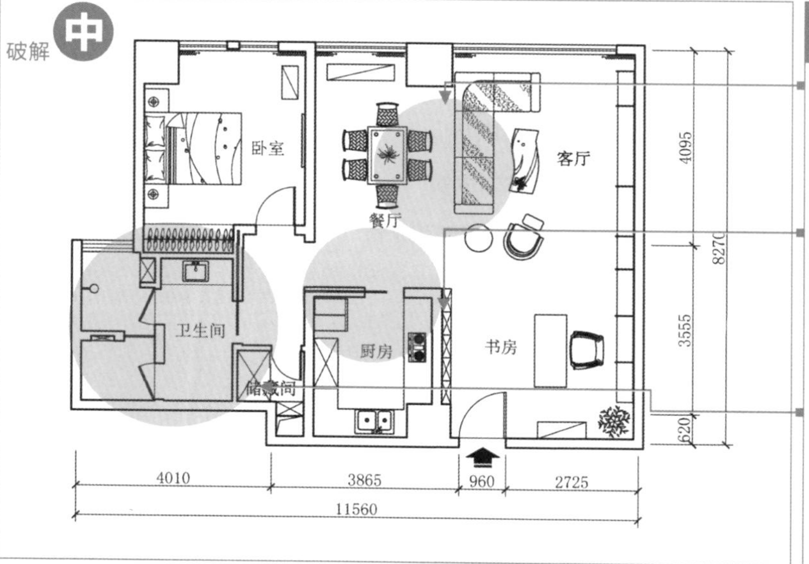

★布局改造★

- 拆除客厅与原卧室1间的墙体，将卧室1并入客厅中，打造集客厅、餐厅、书房于一体的开放综合空间。
- 拆除原卧室1与厨房过道间的墙体，将两居室改造为一居室。拆除厨房与餐厅间的墙体，将厨房的入口改为面向餐厅位置，方便进餐。
- 拆除卫生间与南面过道间的墙体，过道并入卫生间，卫生间干湿分区。将原过道一部分设置为一个储藏间。

★设计亮点★

●所属风格：新中式

●主要用材：乳胶漆、实木地板、玻化砖、大理石、黑胡桃木板材、柚木板材。

●这套老式结构的住宅，经过大胆地创新，不论在结构上，还是外观上，都给人焕然一新的感觉。在装修风格上，将传统的中式风格与现代风格融为一体，既保存着中式风格的传统文化内涵，又体现了现代生活的时尚气息。在结构上，将原来的两间卧室改造为一间卧室，扩大了居室的娱乐休闲空间。同时，摒弃了传统的过道空间，改造成极具现代生活品位的卫生间。这些都彰显着居室主人身上所散发出的新一代老年人追求自我、崇尚自然舒适的生活方式。

订制成品橱柜几乎是现代厨房装修中必不可少的一项，近年来，成品橱柜还将消毒柜、烤箱、微波炉、洗碗机、冰柜等厨房电器集合橱柜中，不仅让厨房在风格上更统一，而且还能更合理的安排厨房的布局，达到空间的最大化利用。

在客厅的一角放置书桌，将电视柜与书柜合为一体，既能满足书房的使用功能，又不必为老人并不多的使用书房的生活方式去单独设置一间书房而浪费空间。

改造后的客厅、餐厅，形成一个宽阔的空间，除了具有进餐、观演、会客功能外，还能在此进行适当的娱乐、健身项目，增加了老人的活动空间。

具有中国传统花纹的地毯，是中式风格的元素之一，与黑胡桃的中式家具相得益彰。而造型简约、颜色朴素的皮质沙发，又透着现代时尚的气息。将传统与现代的结合发挥得淋漓尽致。

将卫生间进行干湿分区，是现代装修中卫生间的主要形式，既能方便卫生间的日常清洁，又能有效增加隐私性功能。

将原卧室与餐厅间的分隔墙体拆除，以柜体进行空间分隔，既不影响空间的分隔，又增加了卧室的收纳功能。

预算表

项目名称	数量	单价（元）	合价（元）
基础改造			
墙体拆除	38.2m²	50	1910
墙体砌筑	6.3m²	140	882
电路布置改造	81m²	70	5670
水路布置改造	16.7m²	90	1503
卫生间回填	8.9m²	60	534
地面整平	70.6m²	40	2824
垃圾清理	1项	800	800
工具磨损与耗材	1项	1500	1500
基础改造小计			15623
厨房			
石膏板吊顶	5.3m²	135	715.5
顶面乳胶漆	5.6m²	38	212.8
墙面铺装瓷砖	13.3m²	160	2128

续表

项目名称	数量	单价（元）	合价（元）
地面铺装瓷砖	5.6m²	180	1008
多功能整体橱柜	19.2m²	1300	24960
顶面筒灯	6件	90	540
操作台LED灯	5件	150	750
双开门冰箱	1件	8900	8900
推拉门	3.2m²	320	1024
厨房小计			40238.3
卫生间			
石膏板吊顶	11.4m²	135	1539
顶面乳胶漆	11.6m²	38	440.8
墙面铺装瓷砖	28.5m²	160	4560
地面铺装瓷砖	12m²	180	2160
墙地面防水处理	63.8m²	85	5423
整体储物盥洗柜	5.6m²	900	5040
洗面盆	1件	280	280
镜前灯	1件	160	160
坐便器	1件	800	800
热水器	1件	1500	1500
钢化玻璃隔断	2.1m²	180	378
卫生间组合灯	1件	800	800
推拉门	3.9m²	320	1248
卫生间小计			24328.8
客厅餐厅书房			
石膏板吊顶	42.4m²	135	5724
墙顶面乳胶漆	148.4m²	38	5639.2
地面铺装实木地板	44.5m²	180	8010
实木地板踢脚线	27.5m²	22	605
电视综合柜	19.6m²	900	17640
书桌	1件	550	550
成品装饰置物矮柜	1件	850	850
沙发	1件	5500	5500
茶几	1件	320	320
餐桌椅	1套	3200	3200
局部铺装地毯	14.8m²	180	2664
顶面筒灯	12件	90	1080
大门单面包门套	5m	120	600
卫生间小计			52382.2
卧室储藏间			
墙顶面乳胶漆	54.6m²	38	2074.8
综合衣柜	12.3m²	900	11070
顶面装饰照明灯	1件	220	220
床	1件	3500	3500
床头柜	2件	350	700
套装门	2套	1200	2400
卧室储藏间小计			19964.8
总价			152537.1

4.6 一间房能变出无数间房

这套户型布局方正、紧凑，各功能空间分配的井井有条。不过，再完美的户型也必定有这样那样的美中不足之处，比如，室内的采光不够充裕，厨房的门若是关上时，就完全成为一个闭塞的空间。还有，客厅与阳台间的单开门，既影响了客厅的采光和空气流通，又浪费空间，显得生硬、古板。在改造时，我们可以通过拆除一些墙体或是转变开门方式，在增强室内采光的基础上打造时尚舒适的家居环境。

改造前

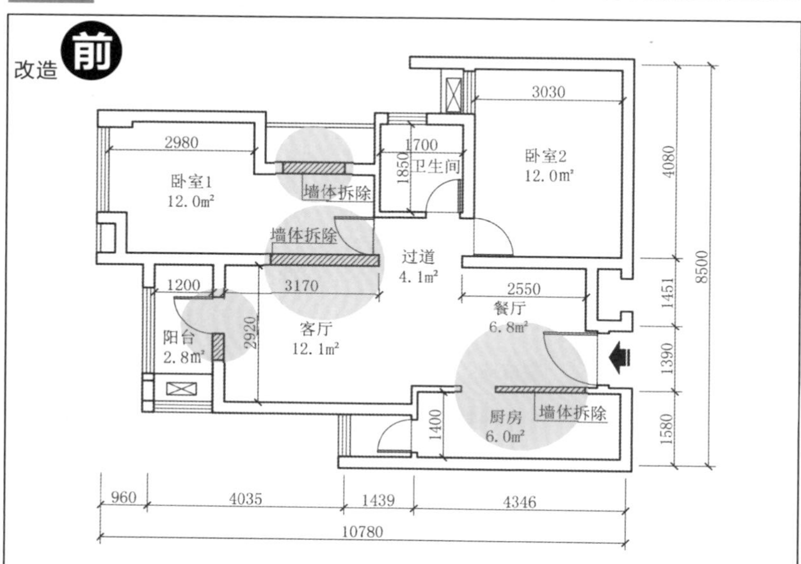

★户型身份证★

- 建筑面积85m²
- 使用面积69m²
- 砖混结构
- 南北朝向
- 16/17层
- 二室二厅，层高2.8m
- 含卧室二间、客厅、厨房、卫生间各一间，朝西面阳台一个。

破解中

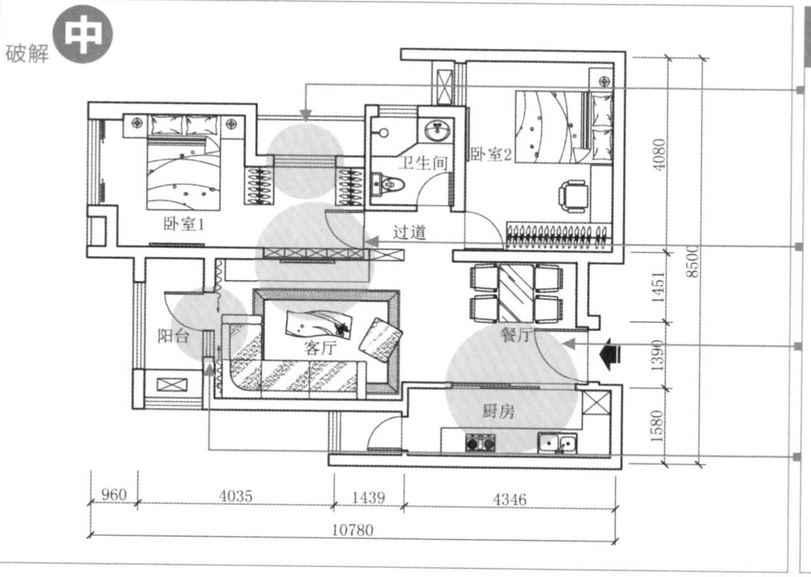

★布局改造★

- 拆除卧室1中与空调架相邻的部分墙体，在此处开启一扇窗户，使卧室中三面环绕衣柜光线死角的问题得以解决。
- 拆除客厅与卧室1之间的墙体，以面朝卧室1的衣柜进行分隔。
- 拆除厨房与餐厅间的部分墙体，设置两扇式对开玻璃推拉门，增加了厨房采光。
- 拆除客厅与阳台间的部分墙体，将原来的单开门改为玻璃推拉门。

★设计亮点★

●所属风格：混搭

●主要用材：乳胶漆、胡桃木饰面板、仿石材壁纸、PVC纤维地毯、实木地板、仿石材玻化砖。

●这套住宅主要集合了美式和现代简约的装饰风格，将美式风格的大气直接、质感强烈的特点与现代简约风格的时尚、精致完美相结合。在用色上，主要以棕色系与黑白灰的中性色系为基础，搭配出高贵、雅致的空间氛围，彰显了居室主人不凡的审美与品位。在灯光照明的设计中，将不同尺寸、不同类型、不同照度的光源进行有序安排，打造出层次丰富的照明效果，为居室设置了足够充裕的人工光源。同时，通过对建筑结构的改造，为居室增添了足够的自然光源。

客厅顶部的吊顶灯，以磨砂玻璃为材质的灯片组合而成，造型独特美观，为了强调空间的照明效果，在吊顶灯周围设置软管灯带，使灯光层次丰富。

在客厅与阳台间的玻璃推拉门处安装双层式落地窗帘，白天，只用拉上里层透明的帘子，在不影响室内采光的同时，增加居室的神秘氛围；晚上，则可以将两层帘都拉上，保护室内隐私。

在客厅与餐厅一体化的居室中，为了在视觉上对这两个区域进行功能划分，在顶部以吊顶作区分，使客厅与餐厅的顶部一眼望去就有区别，在视觉上将这两个区域完美分区。

沙发背景墙上的仿石材壁纸，外观上有石材的质感，但是比起使用真正的石材铺贴要简单经济的多。另外，在使用壁纸做这种造型的时候，对施工人员的技术要求比较高，要选择经验丰富的工人操作。

◆ 镂空的格栅造型装饰柜，是卧室的亮点，不仅让卧室显得时尚美观，还具有很强的收纳功能，能摆放书，也能陈放装饰品。

◆ 皮质的软包床头搭配艺术装饰画，让床头背景墙别具一格。软包的墙面，具有柔软舒适、耐脏易清洁的优点，但同时也存在使用寿命短、易旧的缺陷，因此，在选择软包的皮质时，最好挑选真皮材质的。

◆ 床头的照片墙中以简洁抽象的图片来代替照片，避免了色彩绚丽的照片对卧室的整体色调氛围的破坏。

传统的床头柜一般都是木质台面。如今，越来越多材质的台面被运用到床头柜中来，这间卧室采用的是瓷质的床头柜台面，它具有防水、易清洁保养的优点。

在卧室中设置这样一个小小的连柜装饰桌，能满足日常的阅读和写作需要，不必专门为书房留单独的空间，对于小户型来说，是一种完美的解决方式。

将门厅顶灯安装在墙面上，既能作为沙发背景墙的装饰元素，又具备客厅的照明功效，配合顶面的其它灯具，使客厅的照明更加层次丰富。

预算表

项目名称	数量	单价（元）	合价（元）
基础改造			
墙体拆除	14.6m²	50	730
墙体砌筑	2.6m²	140	364
电路布置改造	61m²	70	4270
水路布置改造	9.1m²	90	819
卫生间回填	3.2m²	60	192
地面整平	57.8m²	40	2312
垃圾清理	1项	650	650
工具磨损与耗材	1项	1300	1300
基础改造小计			10637
厨房			
石膏板吊顶	6m²	135	810
顶面乳胶漆	6.2m²	38	235.6
墙面铺装瓷砖	15m²	160	2400
地面铺装瓷砖	6.3m²	180	1134
多功能整体橱柜	9.6m²	1300	12480
吸顶灯	2件	120	240
冰箱	1件	2200	2200
钢化玻璃推拉门	5m²	400	2000
套装门	1m²	1200	1200
厨房小计			22699.6
卫生间			

续表

项目名称	数量	单价（元）	合价（元）
铝扣板吊顶	3.1m²	240	744
墙面铺装瓷砖	7.8m²	160	1248
地面铺装瓷砖	3.3m²	180	594
墙地面防水处理	17.4m²	85	1479
整体储物盥洗柜	2.7m²	900	2430
镜前灯	1件	160	160
坐便器	1件	800	800
热水器	1件	1500	1500
钢化玻璃淋浴房	1件	4600	4600
卫生间组合灯	1件	800	800
套装门	1套	1200	1200
卫生间小计			15555
餐厅、客厅			
石膏板吊顶	23m²	135	3105
墙顶面乳胶漆	80.5m²	38	3059
墙面局部铺贴墙纸	17.3m²	180	3114
地面铺装实木地板	24.2m²	180	4356
实木地板踢脚线	15.1m²	22	332
电视机装饰柜	1.2m²	900	1080
沙发背景墙装饰板	1.8m²	380	684
沙发、茶几	1套	6200	6200
餐桌椅	1套	3200	3200
客厅装饰吊灯	1件	1800	1800
软管灯带	8.5m	12	102
顶面筒灯	22件	90	1980

项目名称	数量	单价（元）	合价（元）
沙发背景墙吸顶灯	15件	70	1050
大门单面包门套	5m	120	600
餐厅客厅小计			30662
卧室1			
石膏板吊顶	12m²	135	1620
墙顶面乳胶漆	42m²	38	1596
地面铺装实木地板	12.6m²	180	2268
实木地板踢脚线	14.7m²	22	323
床头软包	2.6m²	360	936
综合衣柜	3.2m²	900	2880
装饰书柜	3.2m²	380	1216
顶面筒灯	12件	90	1080
床、床头柜	1套	4200	4200
套装门	1套	1200	1200
卧室1小计			17319
卧室2			
石膏板吊顶	12m²	135	1620
墙顶面乳胶漆	42m²	38	1596
地面铺装实木地板	12.6m²	180	2268
实木地板踢脚线	12.3m²	22	271
综合衣柜	6.2m²	900	5580
床、床头柜	1套	4200	4200
套装门	1套	1200	1200
卧室2小计			16735
总价			113608

4.7 无止境增加储物空间

这是一套很标准的二居室，独立的厨房、卫生间、客厅、餐厅。在改造前，房子的主人是一对高知夫妻，有着深厚的文化底蕴，品味高雅、独特，追求雅致、低调、内涵的居室风格。同时希望能尽可能将居室呈现出宽敞、开阔的空间。在设计的过程中，考虑到他们的日常生活需求，将原来的次卧室改造为书房。并且通过对部分墙体的拆除和构件的设计，呈现出一个集传统与现代相结合的书香满屋的大家。

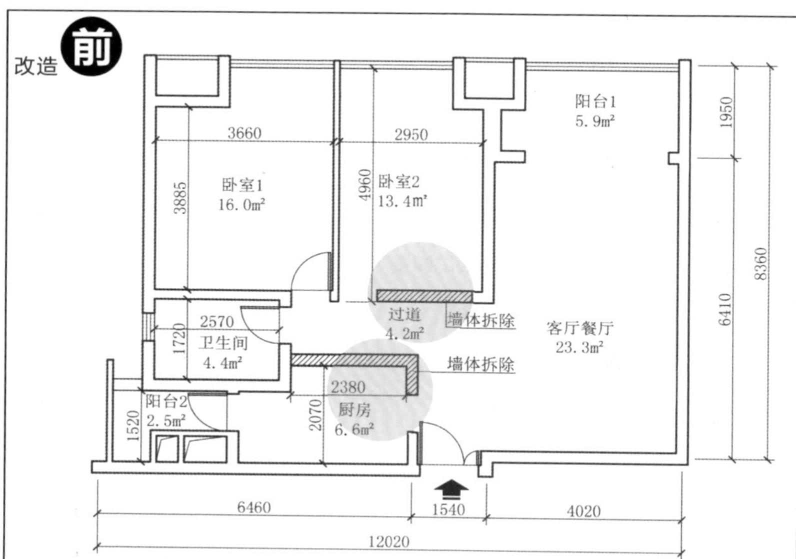

★户型身份证★

- 建筑面积99m²
- 使用面积82m²
- 框架结构
- 南北朝向
- 1/12层
- 二室二厅，层高2.8m
- 含卧室两间，客厅、餐厅、厨房、卫生间各一间，朝南面大阳台一处，朝西面小阳台一处。

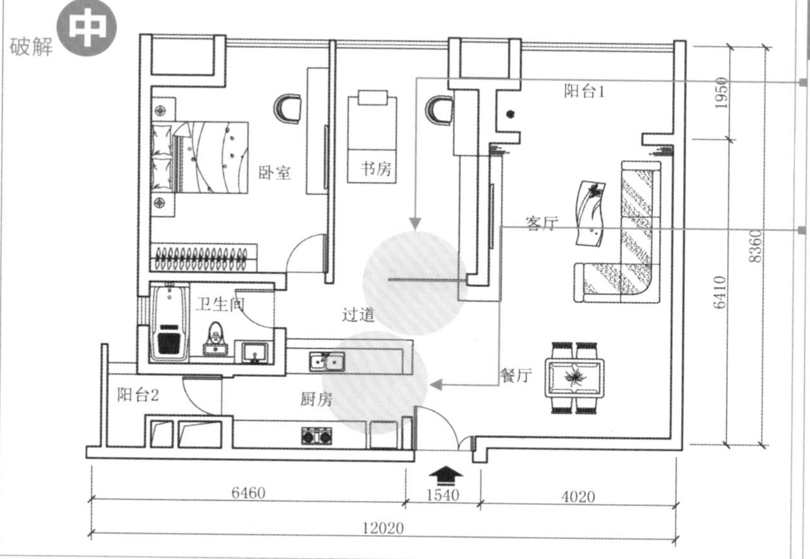

★布局改造★

- 拆除原卧室2与过道间的墙体，在此处安装一面置顶的屏风隔断，将原卧室2设置为书房。
- 拆除厨房与过道间的墙体，安装一体式橱柜做分隔，吊柜与台柜间以钢化玻璃镶嵌，既起到功能空间的分隔作用，又能在视觉上起到开放式厨房的效果。

改造后

★设计亮点★

●所属风格：现代简约

●主要用材：乳胶漆、硝基漆、墙纸、胡桃木饰面板、PVC纤维地毯、实木地板、人造石、钢化玻璃。

●改造后的居室，少了一间卧室，多了一间书房，书房设置了一个超大型的装饰柜，并且该装饰柜经过巧妙的设计，穿过隔墙，与客厅电视柜连为一体，为居室增加了更多收纳空间的同时也让空间感更和谐统一。在色彩搭配方面，以沉稳、内敛的棕色系为主，搭配中性百搭的黑白色，打造高雅、低调的居室氛围。另外，改造后的厨房，打破了一般厨房或开放或封闭的单调形式，以透明钢化玻璃连接上下橱柜的方式，让厨房呈现出半开放式。

在现代家居装饰中，全房铺设墙纸被越来越广泛的运用，墙纸在花纹图案、色彩上比乳胶漆要丰富的多，因此最终的效果也是更胜一筹，但在价格上乳胶漆更具优势。因此，选择墙面材料时要量力而行。

在客厅中放置色彩亮丽的插花和抱枕，能让原本略显单调的客厅鲜活起来。可见，后期的配饰在家居装修中是非常重要的。

灯具在家居装修中有着举足轻重的作用，不仅承担着居室的照明功能，而且还起着重要的装饰效果。在不同功能空间，分别以不同大小、材质、照度、类型的灯具作区分，还能起到分隔空间的作用。

以木质面板作为屏风，不加修饰的天然原始木纹，比起色彩绚丽、工艺繁复的其他材质屏风，用在这里更加相宜，与旁边的装饰柜相得益彰。

用隔板作承载，不同厚度、色彩的竖隔板进行穿插，错落有致。书房的这个柜子不仅是书柜，还是装饰柜与博古架。

将胡桃木制作的橱柜与烤漆柜门相搭配，古朴与现代的结合，让厨房的装修效果层次丰富。

书房中摆上一把宽大的沙发式躺椅，在书房中工作、学习疲倦的时候，小憩一会。

书房的装饰柜，穿过书房的屏风隔断和墙体，与客厅的电视机柜连为一体，隔墙的三面都被作为柜体的部分被利用起来。

将人造石铺挂在墙面上，比其他的墙砖更具光洁感与厚重感，质感强烈，能打造出更高档次的卫生间环境，但它的价格和对工艺的要求都比一般墙砖要高出许多。

在床上摆放置物小桌子，是许多对生活品味要求较高的人士所青睐的，不锈钢边框与钢化玻璃构成的置物桌，比木质的更显高雅品质。

在装修完成的后期配饰中，挑选一张合适的装饰画能起到画龙点睛的效果。卧室床头背景墙上的装饰画不论是色彩还是所渲染的意境都与卧室的氛围相得益彰。

预算表

项目名称	数量	单价（元）	合价（元）
基础改造			
墙体拆除	$14.8m^2$	50	740
墙体砌筑	$8.9m^2$	140	1246
电路布置改造	$77m^2$	70	5390
水路布置改造	$11m^2$	90	990
卫生间回填	$4.4m^2$	60	264
地面整平	$72.6m^2$	40	2904
垃圾清理	1项	1000	1000
工具磨损与耗材	1项	1500	1500
基础改造小计			14034
厨房			
石膏板吊顶	$6.6m^2$	135	891
顶面乳胶漆	$6.9m^2$	38	262.2
墙面铺装瓷砖	$16.5m^2$	160	2640
地面铺装瓷砖	$6.9m^2$	180	1242

项目名称	数量	单价（元）	合价（元）
整体橱柜	$21.2m^2$	900	19080
油烟机	1件	1500	1500
燃气灶	1件	1200	1200
顶面筒灯	4件	90	360
冰箱	1件	4200	4200
厨房小计			31375.2
卫生间			
石膏板吊顶	$4.4m^2$	135	594
墙面铺装人造石	$11m^2$	160	1760
地面铺装瓷砖	$4.6m^2$	180	828
墙地面防水处理	$24.6m^2$	85	2091
整体储物盥洗柜	$4.8m^2$	900	4320
浴缸	1件	1600	1600
镜前灯	1件	160	160
坐便器	1件	800	800

续表

项目名称	数量	单价（元）	合价（元）
热水器	1件	1500	1500
卫生间组合灯	1件	800	800
套装门	1套	1200	1200
卫生间小计			15653
餐厅客厅			
石膏板吊顶	27.5m²	135	3712.5
顶面乳胶漆	28.9m²	38	1098.2
墙面铺贴墙纸	58.3m²	180	10494
地面铺装复合地板	28.9m²	120	3468
复合木地板踢脚线	16m	18	288
局部铺装地毯	10.2m²	180	1836
沙发、茶几	1套	3500	3500
餐桌椅	1套	2300	2300
餐厅装饰吊灯	1件	1200	1200
顶面筒灯	12件	90	1080
阳台窗帘	12.2m²	220	2684
大门单面包门套	5m	120	600
餐厅客厅小计			32260.7
卧室			
石膏板吊顶	16m²	135	2160
顶面乳胶漆	16.8m²	38	638.4
墙面铺贴墙纸	40m²	180	7200
地面铺装复合地板	16.8m²	120	2016
复合木地板踢脚线	15.1m	18	271.8
床头装饰画	1件	600	600
综合衣柜	6.7m²	900	6030
置物隔板	2.1m²	110	231
顶面筒灯	2件	90	180
顶面软管灯带	17.1m	12	205.2
床、床头柜	1套	4200	4200
套装门	1套	1200	1200
卧室小计			24932.4
书房			
石膏板吊顶	13.4m²	135	1809
顶面乳胶漆	14m²	38	532
墙面铺贴墙纸	33.5m²	180	6030
地面铺装复合地板	14m²	120	1680
复合木地板踢脚线	15m	18	270
综合装饰书柜	11.2m²	900	10080
成品书桌椅	1套	1800	1800
实木屏风隔断	3.6m²	320	1152
躺椅	1件	360	360
书房小计			23713
阳台1、阳台2			
墙顶面乳胶漆	29.4m²	38	1117.2
地面铺装瓷砖	8.8m²	180	1584
套装门	1套	1200	1200
阳台1、阳台2小计			3901.2
总价			145869.5

4.8 拆墙的新思维

这套一居室的小户型最大的两个特点，一是厨房面积相对较大，在建筑设计时是将厨房与餐厅设计成一体化的；另一个特点是入户大门处的走道相对非常宽敞，对于一个面积不算大的小户型来说，这样的走道确实很浪费。居室主人是一对年轻情侣，喜欢轻松自由的居室环境。根据这两个特点及业主的需求，我们在改造设计时，为了弥补面积不足的缺陷，在拆除一些墙体的时候，力求最合理的空间分配。

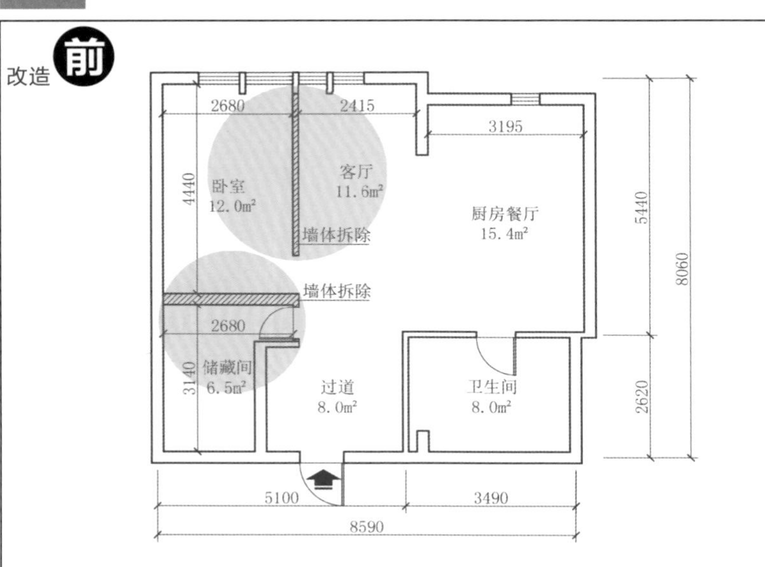

★户型身份证★

- 建筑面积78m²
- 使用面积61m²
- 框架结构
- 南北朝向
- 11/23层
- 二室二厅，层高2.8m
- 含客厅、一体式餐厨、卧室、储藏间、卫生间各一间。

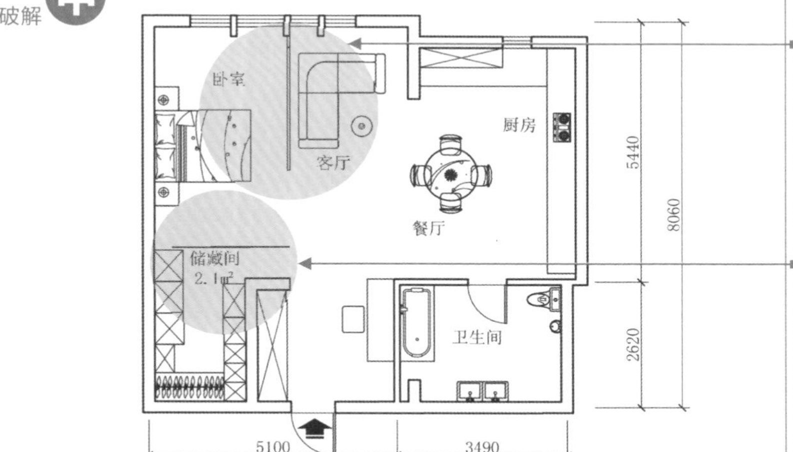

★布局改造★

- 拆除卧室与客厅间的墙体，以12mm厚透明钢化玻璃隔断做分隔，安装纯色布艺窗帘，既将卧室与客厅两个功能空间有效分隔，又节省了墙体所占的空间。
- 拆除储藏间与卧室间的墙体，并且拆除原储藏间的单侧门。将储藏间与卧室间以12mm厚透明钢化玻璃隔断作分隔，有效利用了墙体所占空间的同时，玻璃在视觉上起到扩大空间的作用。

改造后

★设计亮点★

●所属风格：现代简约

●主要用材：乳胶漆、硝基漆、胡桃木饰面板、实木地板、钢化玻璃。

●这套小户型经过改造后，不论是视觉上还是功能使用上，都比实际面积要大。这得力于对墙体的拆除与以玻璃隔断作为分隔的新思维。在入口的走道处，设置了一组集收纳和书柜的功能的装饰柜。对面设置了一张书桌，让走道兼具了书房的功能。在装修用色及材料选择上，选择褐色的胡桃木与棕色的实木地板作为居室的主要材料，配合白色乳胶漆墙面与白色硝基漆餐桌椅及透明钢化玻璃，打造出时尚简约的现代风格家居。

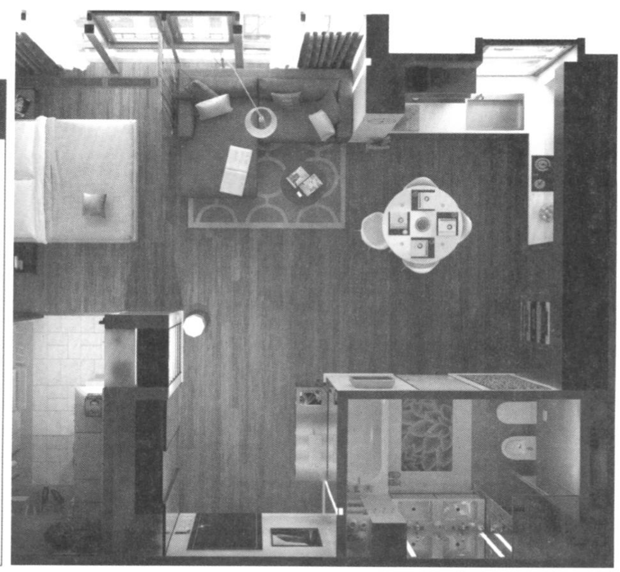

改造后的居室，墙体的拆除让空间更开阔。入门处设置的书桌及书柜，为这套小户型额外增添了一间书房。

将厨房、餐厅、客厅这三个功能空间合为一个开放式的空间，在小户型装修中运用非常广泛，可以最大化利用空间。

通过顶部吊顶造型来区别不同功能空间，可以从另外的角度来对居室空间进行分隔，减少了在地面进行空间分隔所造成的空间浪费。

拆除了卧室与客厅间的墙体后，卧室与客厅的窗户合为一体，大大增加了室内的采光与通风。

预算表

项目名称	数量	单价（元）	合价（元）
基础改造			
墙体拆除	17.7m²	50	885
电路布置改造	62m²	70	4340
水路布置改造	23.4m²	90	2106
卫生间回填	8m²	60	480
地面整平	54m²	40	2160
垃圾清理	1项	700	700
工具磨损与耗材	1项	1300	1300
基础改造小计			11971
餐厅、厨房			
顶面乳胶漆	16m²	38	608
墙面局部铺装瓷砖	7m²	160	1120
地面铺装实木地板	16.2m²	180	2916
实木地板踢脚线	12.4m	22	272.8
整体橱柜	26.4m²	900	23760
油烟机	1件	1500	1500
燃气灶	1件	1200	1200
水槽与水龙头	1套	550	550
顶面吸顶灯	4件	90	360
顶面装饰灯	2件	120	240
餐桌椅	1套	1600	1600
冰箱	1件	2200	2200
餐厅厨房小计			36326.8
卫生间			

续表

项目名称	数量	单价（元）	合价（元）
铝扣板吊顶	$8m^2$	240	1920
墙地面防水处理	$44.8m^2$	85	3808
墙面铺装瓷砖	$20m^2$	160	3200
地面铺装瓷砖	$8.4m^2$	180	1512
整体储物盥洗柜	$3.2m^2$	900	2880
洗面盆	2件	280	560
浴缸	1件	1600	1600
镜前灯	1件	160	160
坐便器	1件	800	800
热水器	1件	1500	1500
多功能风暖浴霸	1件	500	500
套装门	1套	1200	1200
卫生间小计			19640
客厅			
墙顶面乳胶漆	$40.6m^2$	38	1542.8
地面铺装实木地板	$12.2m^2$	180	2196
实木地板踢脚线	$4.3m^2$	22	94.6
局部铺装地毯	$6m^2$	180	1080
沙发、茶几	1套	1200	1200
窗帘	$8.2m^2$	220	1804
顶面装饰灯	4件	120	480
客厅小计			8397.4
卧室			
墙顶面乳胶漆	$42m^2$	38	1596
地面铺装实木地板	$12.6m^2$	180	2268

项目名称	数量	单价（元）	合价（元）
实木地板踢脚线	7.1m	22	156.2
床头装饰画	1件	220	220
顶面装饰灯	4件	120	480
床头装饰照明灯	2件	85	170
床、床头柜	1套	3200	3200
窗帘	$9.2m^2$	220	2024
12mm钢化玻璃墙	$8.3m^2$	180	1494
卧室小计			11608.2
储藏间			
墙顶面乳胶漆	$22.7m^2$	38	862.6
地面铺装瓷砖	$6.8m^2$	180	1224
综合收纳柜	$20.7m^2$	900	18630
12mm钢化玻璃墙	$6.5m^2$	180	1170
储藏间小计			21886.6
入户门厅			
石膏板吊顶	$8m^2$	135	1080
墙顶面乳胶漆	$28m^2$	38	1064
地面铺装实木地板	$8.4m^2$	180	1512
实木地板踢脚线	$7m^2$	22	154
装饰桌	$2.3m^2$	900	2070
玻璃镜	1件	350	350
综合收纳柜	$4.2m^2$	900	3780
大门单面包门套	$5m^2$	120	600
入户门厅小计			10610
总价			120440

4.9 睡得舒服才是小户型的设计根本

这是一套两居室的户型，两间卧室与客厅餐厅并列而排，因此没有形成任何畸零的浪费空间。另外，客厅与餐厅这部分空间足够宽敞，如何巧妙将这些空间合理利用也是改造的目标之一。居室的主人是一对年轻的夫妻，暂时不需要儿童房和老人房，因此，希望将两间卧室结合利用，打造更舒适、自由的卧室空间。我们在改造时，将两间卧室打通，将原来的次卧室改造成集梳妆、储藏与客卧为一体的多功能空间。

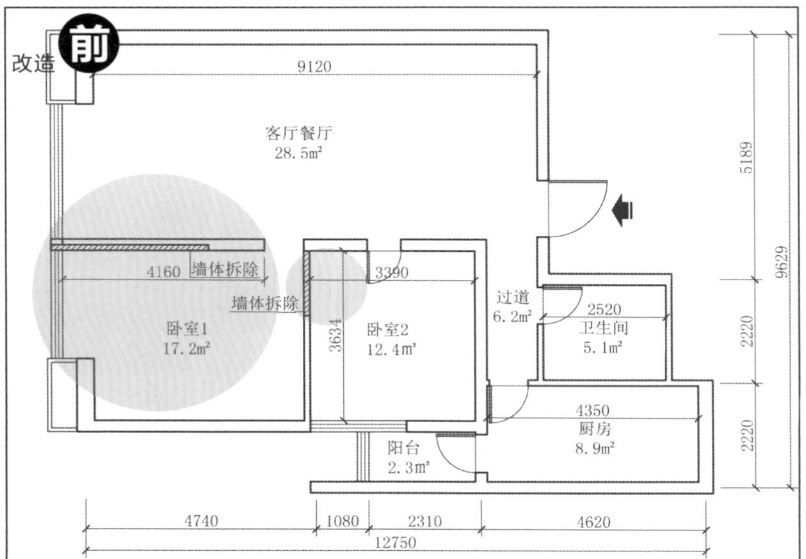

★户型身份证★

- 建筑面积98m²
- 使用面积77m²
- 框架结构
- 南北朝向
- 27/32层
- 二室二厅，层高2.8m
- 含客厅、餐厅、厨房、卫生间各一间，卧室二间，朝西面阳台一处。

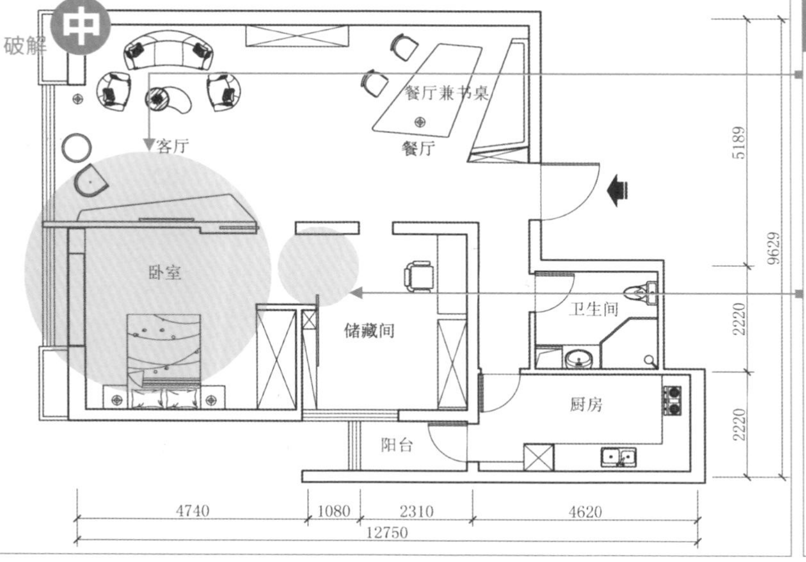

★布局改造★

- 拆除客厅与原卧室1之间的隔墙，将此处设置为客厅与卧室的一体式电视机背景墙，一面作客厅电视机背景墙及装饰柜，另一面作卧室的电视机装饰柜。
- 拆除原卧室1和卧室2之间的部分隔墙，将这两间卧室打通，以单扇推拉门相分隔，将两间卧室打造成可合可分的多功能卧室。

改造后

★设计亮点★

●所属风格：现代简约

●主要用材：乳胶漆、硝基漆、800mm*800mm玻化砖、马塞克锦砖、大理石、胡桃木饰面板、实木地板。

●这套居室经过改造装修后，合理地利用了每一处可用空间。在客厅与餐厅之间，设置了一个至顶的大型书柜，使餐厅兼具了书房的功能。将原来的两间卧室之间的隔墙拆除，以单扇式推拉门相隔，拉上推拉门时，就是两间独立的卧室，合上门时，原来的次卧室就是一个梳妆间与衣帽间，方便生活所需。另外，在装修风格上，选择的是现代简约风格，明晰简单的用色、质感强烈的马赛克墙面以及大面积的使用钢化玻璃等装饰细节，无不体现出现代、时尚的气息。

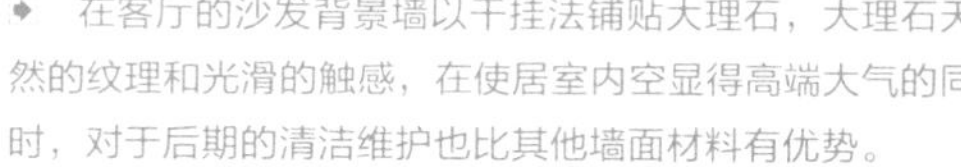
◆ 在客厅的沙发背景墙以干挂法铺贴大理石，大理石天然的纹理和光滑的触感，在使居室内空显得高端大气的同时，对于后期的清洁维护也比其他墙面材料有优势。

◆ 植绒地毯主要含有羊毛与棉的成份，它特有的柔软与质感是其他材质地毯难以比拟的。在客厅的茶几下方铺上一块这样的地毯，能起到锦上添花的效果。

在室内墙面安装大面积的装饰镜面，能在视觉上对空间起到伸展放大的作用，是小户型装修常用的装饰手法，但是在后期要注意清洁维护。

入户大门处常常会设置一个装饰柜，用来放置鞋袜、雨伞等物品，不仅能为居室增添收纳功能，还避免了入户即见客厅餐厅，有效保护了室内隐私。

软包墙面不仅只是用在床头，近年来也被越来越多的时尚业主用在其他位置，在梳妆台的背景墙面使用墙面软包，与床头背景墙的软包相呼应，形成和谐统一。

改造后的次卧室中，在两个衣柜间放置一张单人床，平时可做储物用，临时有客人时也可供客人休息用，比单独设置一间客房实用的多。

梳妆台因其功能特征，对照明的要求比较高，在设置梳妆台的灯具时，要选择照度高、光线强的白色光，以满足日常梳妆时的灯光需求。

以单扇的推拉门分隔原来的两间卧室，使这两个空间既合二为一地利用，扩大了卧室的面积。在特殊情况下，又可以成为独立空间。

床头背景墙使用软包墙面，穿插玻璃镜面作点缀，避免了大面积的软包墙面造成的单调感，为卧室空间增添趣味。

玻璃马赛克常被用在卫生间的墙面中，装饰效果比一般的墙面砖要更显豪华质感，但是，它的价格比一般墙面砖要贵许多，后期的清洁保养也相对麻烦一些。因此在选择前要权衡一下。

预算表

项目名称	数量	单价（元）	合价（元）
基础改造			
墙体拆除	17.2m²	50	860
墙体砌筑	3.3m²	140	462
电路布置改造	81m²	70	5670
水路布置改造	14m²	90	1260
卫生间回填	5.1m²	60	306

项目名称	数量	单价（元）	合价（元）
垃圾清理	1项	1000	1000
工具磨损与耗材	1项	1600	1600
基础改造小计			11158
厨房			
铝扣板吊顶	8.9m²	240	2136
墙面铺装瓷砖	22.3m²	160	3568

续表

项目名称	数量	单价（元）	合价（元）
地面铺装瓷砖	9.3m²	180	1674
整体橱柜	11.2m²	900	10080
顶面筒灯	2件	90	180
油烟机、燃气灶	1套	4800	4800
水槽与水龙头	1套	550	550
冰箱	1件	3200	3200
套装门	1套	1200	1200
厨房小计			27388
卫生间			
石膏板吊顶	5.1m²	135	688.5
墙面铺装锦砖	12.8m²	320	4096
地面铺装瓷砖	5.4m²	180	972
墙地面防水处理	28.6m²	85	2431
整体储物盥洗柜	1.4m²	900	1260
坐便器	1件	800	800
钢化玻璃淋浴房	1套	4200	4200
吸顶灯	1件	120	120
套装门	1套	1200	1200
卫生间小计			15767.5
客厅餐厅过道			
石膏板吊顶	34.7m²	135	4684.5
墙顶面乳胶漆	121.4m²	320	4613.2
地面铺装玻化砖	36.4m²	180	9100
沙发背景墙铺石材	11.6m²	85	2552
电视综合收纳柜	19.9m²	900	17910

项目名称	数量	单价（元）	合价（元）
沙发、茶几	1套	4500	4500
餐桌椅	1套	3800	3800
顶面筒灯	16件	90	1440
餐厅装饰吊灯	1件	1700	1700
大门单面包门套	5m	120	600
客厅餐厅过道小计			50899.7
卧室			
墙顶面乳胶漆	60.2m²	38	2287.6
地面铺装实木地板	18m²	180	3240
实木地板踢脚线	15.9m²	22	349.8
综合衣柜	6.4m²	900	5760
顶面筒灯	4件	90	360
床、床头柜	1套	4200	4200
套装门	1套	1200	1200
实木推拉门	4.2m²	320	1344
卧室小计			18741.4
储藏间			
墙顶面乳胶漆	43.4m²	38	1649.2
地面铺装实木地板	13m²	180	2340
实木地板踢脚线	12.2m²	22	268.4
综合衣柜	5.3m²	900	4770
梳妆柜	2.4m²	900	2160
套装门	1套	1200	1200
储藏间小计			12387.6
总价			136342.2

4.10 品质对办公生活的诠释

这是一套非常紧凑的小户型，虽然建筑面积只有不到50平方米，却包含着两间卧室和两个阳台，厨房、客厅、餐厅、卫生间也一应俱全。居室主人是一位现代都市SOHO一族，平时的工作、生活都在家里，因此，希望在满足日常起居生活外，也同时能满足日常工作的空间需求。在改造时，在保留一间卧室后，将原来的另一间卧室改造成办公室，打造高品质的现代SOHO办公生活两相宜的空间格局。

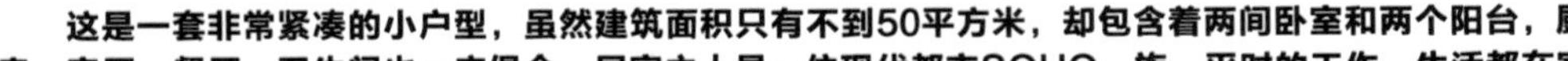

改造前

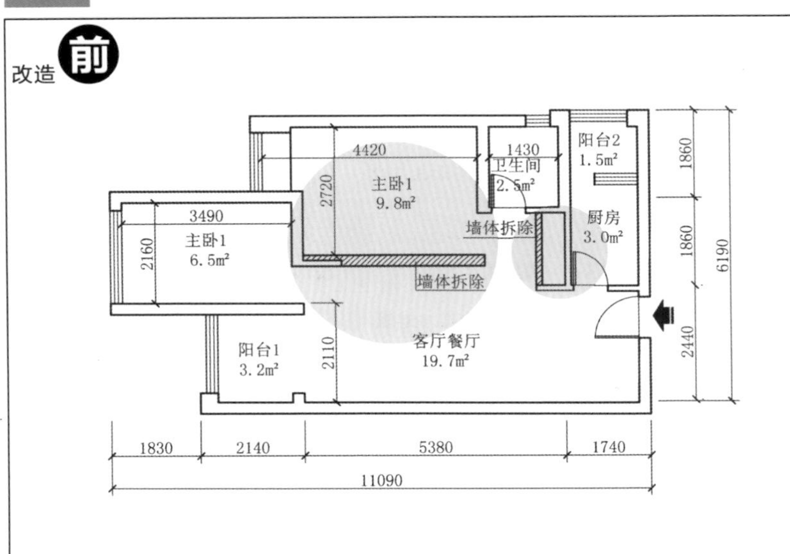

★户型身份证★

- 建筑面积68m²
- 使用面积52m²
- 框架结构
- 南北朝向
- 24/32层
- 二室二厅，层高2.8m
- 含卧室两间，客厅、餐厅、厨房、卫生间各一间，阳台两处

破解中

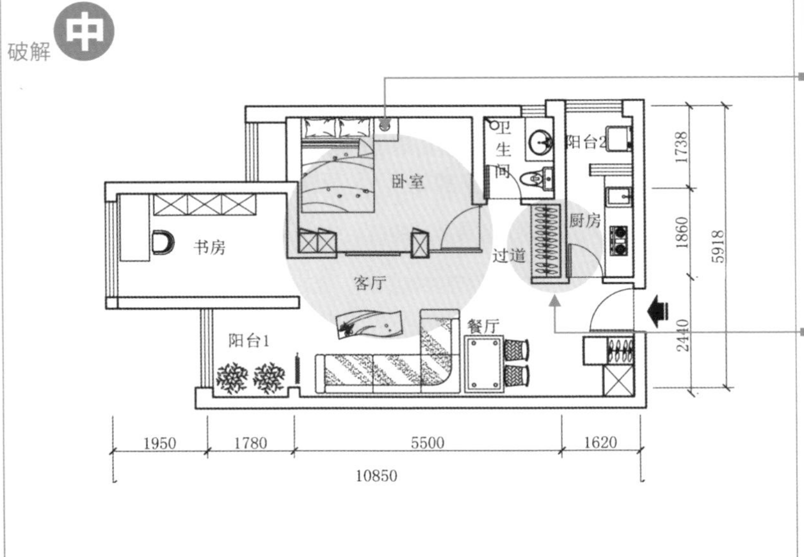

★布局改造★

- 拆除原主卧1与客厅间的墙体，将此处一部分设置为客厅的电视机背景墙，另一部分以12mm厚透明钢化玻璃做隔断分隔卧室与客厅，使这部分隔断空间得以最大化利用。
- 拆除厨房西面与过道间的墙体，将这部分空间设置为储物装饰柜，既起到装饰美化的作用，又给居室增添了收纳空间。

★设计亮点★

●所属风格：现代简约

●主要用材：乳胶漆、硝基漆、玻化砖、橡木饰面板、实木地板、12mm厚钢化玻璃。

●改造后的居室，在设计风格上采用现代简约风格，色彩搭配上以黄色系与中性的白色为主，黄色属于暖色调，有扩展放大的视觉效应，能让居室空间在视觉上有放大的效果。同时，透明钢化玻璃的隔墙，也能对空间有放大延伸的作用，让有限的居室空间在视觉上显得宽敞明亮。将原来的卧室设置为一间小型办公室，满足了居室主人的SOHO式的办公生活的空间功能需求。

在装饰隔板内安装软管灯带，既能增加空间的灯光层次。软管灯带所带来的柔和弥散的光线效果，还能为空间增添别样的氛围。

靠墙的L型沙发，在居室中，既担当着客厅沙发的使用功能，又可以作为临时的床，供日常的小憩及来客人时的临时睡床。

在柜体的侧面设置至顶的黑色边框装饰画，起到了入户屏风的装饰效果。有效提升了居室空间的档次。

将原来的隔墙改造成具有装饰和储藏功能的柜体，最大化利用了每一处可用空间，是小户型改造最常见的方式。

与墙面连为一体的固定式餐桌，能根据需求设置适合自己生活习惯的个性化餐桌，比购买成品餐桌更实用。

将卧室与客厅间的厚隔墙改为置放电视机空间的薄隔墙，不仅保留了分隔空间的功能，还满足了电视机背景墙的使用功能。

良好的光线对进餐有着非常重要的作用，一般可以在餐桌的正上方设置照度大、光线稍强的灯具作为餐厅的主要光源。

在客厅的茶几上放置造型别致的工艺品，不仅可以充实客厅氛围，还能彰显居室主人的品味及内涵。

将台灯安置在墙面，不仅省去了台灯安置在书桌上所占的空间，多角度灵活转动的长杆台灯也为SOHO办公空间增添了时尚气息。

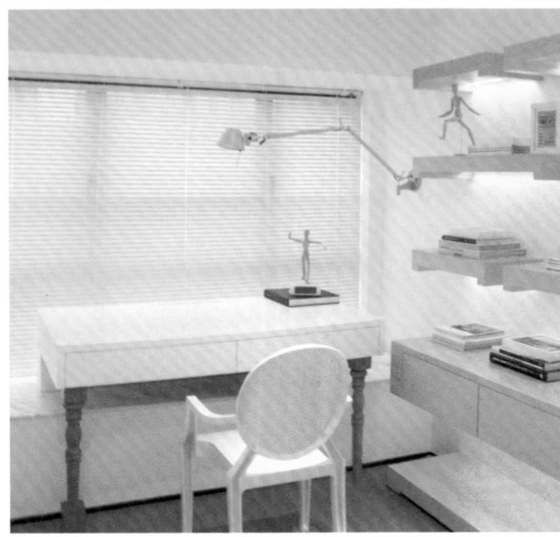

根据需求量身制作的办公桌，巧妙地利用了窗台的空间，办公桌与窗台的高差所形成的空间还可以作储藏办公物品的抽屉，不浪费任何小空间。

百叶窗帘非常适合用在SOHO空间中，既能避免因普通窗帘所带来的家居感，使办公感觉更强烈，还能在工作的间隙，合上部分窗帘，让外面的景色若隐若现，任思绪飞扬。

将木质隔板安装在墙面上，隔板下部安置软管灯带作照明，既能在形式上美化空间，又能起到收纳功能。

造型别致的工艺品不仅只用在家居空间中，摆在办公空间也非常有必要，能彰显出居室主人的品味和内涵。

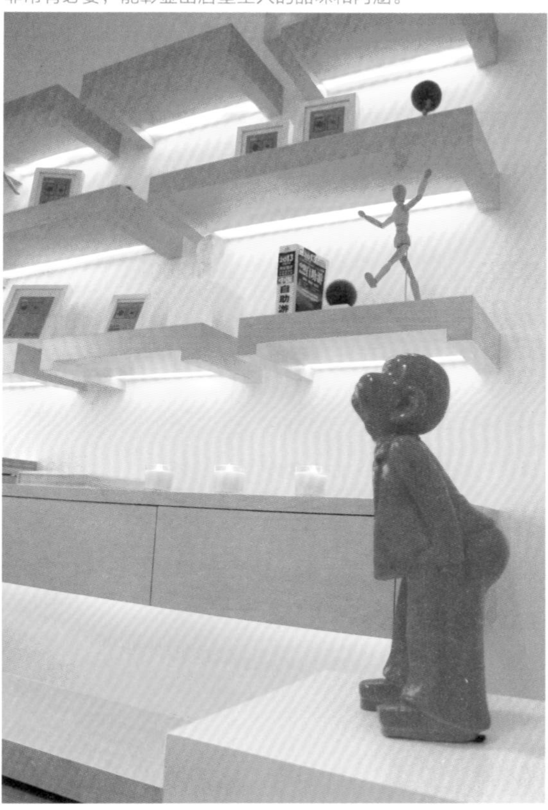

预算

项目名称	数量	单价（元）	合价（元）
基础改造			
墙体拆除	15m²	50	750
墙体砌筑	10m²	140	1400
电路布置改造	46m²	70	3220
水路布置改造	5.5m²	90	495
卫生间回填	2.5m²	60	150
垃圾清理	1项	600	600
工具磨损与耗材	1项	1200	1200
基础改造小计			7815
厨房阳台2			
铝扣板吊顶	4.5m²	240	1080
墙面铺装瓷砖	11.3m²	160	1808
地面铺装瓷砖	4.7m²	180	846
整体橱柜	6.3m²	900	5670

续表

项目名称	数量	单价（元）	合价（元）
顶面筒灯	2件	90	180
油烟机、燃气灶	1套	4800	4800
水槽与水龙头	1套	550	550
冰箱	1件	2200	2200
套装门	1套	1200	1200
厨房阳台2小计			18334
卫生间			
铝扣板吊顶	2.5m²	240	600
墙面铺装瓷砖	6.3m²	160	1008
地面铺装瓷砖	2.6m²	180	468
墙地面防水处理	14m²	85	1190
整体储物盥洗柜	3.3m²	900	2970
坐便器	1件	800	800
吸顶灯	1件	120	120
热水器	1件	1500	1500
套装门	1套	1200	1200
卫生间小计			9856
客厅餐厅阳台1			
石膏板吊顶	19.7m²	135	2659.5
墙顶面乳胶漆	80.2m²	38	3047.6
地面铺装实木地板	24m²	250	6000
实木地板踢脚线	13.7m²	22	301.4
电视综合柜	19.9m²	900	17910
钢化玻璃隔断	2.8m²	180	504
沙发、茶几	1套	3200	3200
餐桌椅	1套	2100	2100
入门玄关装饰柜	2.3m²	900	2070
顶面软管灯带	11m	12	132
顶面筒灯	12件	90	1080
餐厅装饰吊灯	1件	800	800
大门单面包门套	5m	120	600
客厅餐厅阳台1小计			40404.5
卧室			
墙顶面乳胶漆	34.3m²	38	1303.4
地面铺装实木地板	10.3m²	180	1854
实木地板踢脚线	8.3m²	22	182.6
综合装饰柜	3.1m²	900	2790
床、床头柜	1套	3500	3500
顶面装饰灯	1套	180	180
套装门	1套	1200	1200
卧室小计			11010
书房			
墙顶面乳胶漆	22.8m²	38	866.4
地面铺装实木地板	6.8m²	180	1224
实木地板踢脚线	11.3m²	22	248.6
综合装饰柜	6.2m²	900	5580
隔板下软管灯带	6.6m	12	79.2
顶面装饰灯	4件	120	480
书房小计			8478.2
总价			95897.7